Motorrad-
Reparaturanleitung
Band 5231

KAWASAKI ZX-9R Ninja

Modell 1998
berarbeitetes
2000

bucheli verlag

Impressum

ISBN 3-7168-1994-8

Motorrad-Reparaturanleitung Band 5231

Alle Angaben und Ratschläge in diesem Ratgeber wurden nach bestem Wissen und Gewissen erteilt. Eine Haftung der Autoren oder des Verlages und seiner Beauftragten für Personen-, Sach- und Vermögensschäden ist ausgeschlossen.

Dieser Band entspricht dem Kenntnisstand zum Zeitpunkt der Drucklegung. Abweichungen durch Weiterentwicklung der beschriebenen Fahrzeuge, geänderte Anweisungen des Fahrzeugherstellers bzw. neue gesetzliche Bestimmungen sind möglich.

Satz und Gestaltung:
IPa; 71665 Vaihingen/Enz
Text:
Martin Fischinger
Fotos:
Martin Fischinger
Druck:
Maisch & Queck
D-70839 Gerlingen
Bindung:
K. Dieringer
D-70839 Gerlingen

090150

Inhalt

Ein Wort zuvor

Mit der Präsentation der ZX-9R Ninja an Weihnachten 1992 meldete sich Kawasaki in der 900er-Klasse zurück. Als die ZX-9R später auf den Markt kam, ist das spärliche Angebot der Supersportler in der 900er-Klasse um ein extrem stimmiges Motorrad erweitert worden. Modellpflege führte schliesslich zum etwas komfortableren 1998-Modell, das 1999, als sich die Homogenität dieses Bikes herumgesprochen hatte, zum Topseller von Kawasaki wurde und auf Platz sechs in der Zulassungsstatistik landete. Die Klassendisziplinen im Supersportlerbereich sind heute Gewichtsreduktion und Leistungssteigerung. Dabei startete die ZX-9R schon ziemlich an der Spitze, obendrein brachte sie von Anfang an eine immense Handlichkeit und Ausgewogenheit mit ins Getümmel des Marktes, sodass sie viele Käufer und Tester bei der Probefahrt für sich gewann. Harmonie bedeutet bei Kawasaki keineswegs Sanftheit oder gar Kantenlosigkeit. Ein Bekannter von mir, Besitzer der Konkurrenzmaschine Honda 900 RR, sagte nach einer flotten Probefahrt mit der Ninja: „Das ist die Ducati unter den Reiskochern“. Zumindest der raue, drehfreudige und ungebändigte Motor erweckt bei mir einen ähnlichen Eindruck. Die Änderungen zum Modell 2000 bewegen sich im Bereich der Verfeinerungen: Trotz der vielen Einspritzmotoren der Konkurrenz hat die Ninja vier Vergaser, was bestimmt mit zur heftigen Leistungsentfaltung beiträgt. Die Ansaugwege sind noch einmal optimiert worden, die Verdichtung wuchs von 11,5 : 1 auf 12,2 : 1. Grössere Krümmerrohre mit Interferenzrohren verbessern die Katalysatortauglichkeit und das Hängen am Gas. Insgesamt zwei Pferdestärken mehr und eine vollere Drehmomentkurve resultieren daraus. Gewicht wurde mit etlichen Magnesiumdeckeln und einem laufbuchsenlosen Zylinder reduziert. Das Rahmenheck ist mittlerweile geschraubt und der Kupplungshebel ist nicht mehr verstellbar, dafür verfügt er über ein fixes Einstellrad. Das Fahrwerk wurde im Gabeloffset gekürzt, ohne den Radstand zu verändern. Man schaffte das durch weniger V-förmige Gabelbrücken mit gleichzeitigem Vorversetzen und Verstärken des Lenkkopfes. Der Nachlauf stieg um vier auf 97 Millimeter. Diese Massnahme steigert die Agilität in den Kurven, was den meisten Fahrern wichtiger ist, als ein unerschütterlicher Geradeauslauf. Insgesamt passt das Motorrad ungemein gut. Glückwünsche von mir an alle Besitzer!

In eigener Sache

Dieser Reparaturband kann keine Motorradmechanikerausbildung ersetzen. Ebenso ist für einzelne Arbeitsgänge Spezialwerkzeug erforderlich. Es kann wirtschaftlicher oder praktischer sein, in manchen Fällen eine Kawasaki-Werkstatt aufzusuchen.

Um sich und andere nicht zu gefährden, sind Arbeiten am Fahrwerk, den Rädern und den Bremsen im gewerblichen Bereich ausschliesslich Werkstätten mit Motorradmechanikermeistern vorbehalten. Für sich selber darf man zwar Hand anlegen, aber man trägt die volle Verantwortung. Unsicherheiten darf es daher nicht geben.

Werkzeug

Das von Kawasaki mitgelieferte Bordwerkzeug ist gut für unterwegs. Für die hier beschriebenen umfangreichen Wartungs- und Überholungsarbeiten ist es nicht ausreichend. Falls nicht vorhanden, müssen die unten aufgeführten Werkzeuge in möglichst guter Qualität beschafft werden.

- Schlüsselsätze:
  – Ring-Gabelschlüsselsatz (einen Ringschlüssel am einen Ende, am anderen einen Gabelschlüssel): Schlüsselweiten SW 6, 7, 8, 10, 12, (13), 14, 17, 19, 22, (24), 27, 30, 32) mm
  – Praktisch sind zusätzlich Gabelschlüssel in SW 10/12, 12/14, 14/17 und 19/22 mm
  – Innensechskantschlüssel, kompletter Satz SW 3 bis 12 mm
  – Hakenschlüssel für den Lenkkopf
- Knarrensatz mit allen Nüssen in oben genannten Grössen, am besten in 3/8-Zoll-Antrieb ($^1/_4$ Zoll kombiniert mit $^1/_2$ Zoll geht auch).
- Drehmomentschlüssel mit Adaptern für alle Nüsse, Bereich 5 bis 300 Nm
- Zangen: grosse und kleine Pumpenzange, Kombizange, Gripzange, Flachspitzzange, Seegerringzange für innen und aussen.
- Seitenschneider, Teppichmesser
- Schraubendreher: Ein Satz Schlitzschraubendreher 2 bis 8 mm und ein Satz Kreuzschlitz PH-Norm (nicht PZ für Spax) Grösse 1 bis 3
- Schlagschraubendreher mit Kreuzschlitzeinsätzen PH 2 + 3
- Schlosserhämmer 300, 500 Gramm, Fäustel 1250 Gramm, Schonhammer
- Meisselsatz mit Durchtreibern und Körner, Ölfilterband
- Feilensatz, Schlüsselfeilen, Ölstein, Flachschaber, Dreikantschaber
- Gewindeschneidsatz M4, M5, M6, M8, Helicoil-Ausrüstung M6 und M8
- Schraubstock, möglichst schwer und gut verankert, mit Schonbacken
- Werkbank in geeigneter Arbeitshöhe, Metallbügelsäge, Schraubzwingen, Scherenwagenheber
- elektrische Bohrmaschine, möglichst auch für langsame Geschwindigkeiten, mit Bohrständer, dazu Mechanikerspiralbohrersatz: 3, 3.2, 3.5, 4, 4.5, 4.8, 5, 5.5, 6, 6.5, 7, 7.5, 8, 8.2, 8.5, 9, 9.5, 10 mm
- Schieblehre, Messuhr mit Halter, (Bügelmessschrauben 25, 50, 75, 100 mm)
- Stroboskoplampe mit induktivem Abgriff
- Digital-Multimeter mit möglichst grossem Strommessbereich (20 Ampere), Prüflampe
- Lötkolben 30, 150 Watt, Elektroniklot
- Lötlampe, elektrische Heizplatte, möglichst gross
- Batterieladegerät
- Vergasersynchronuhr vierfach
- Kompressionsdruck-Schreiber oder –tester

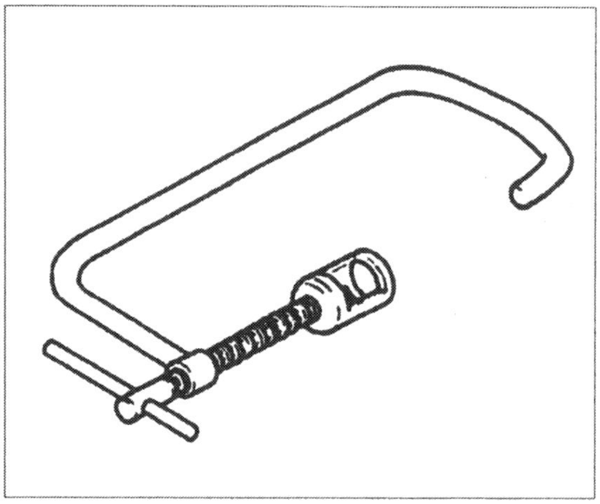

Bild 1
Ventilfederspanner Kawasaki 57001-241

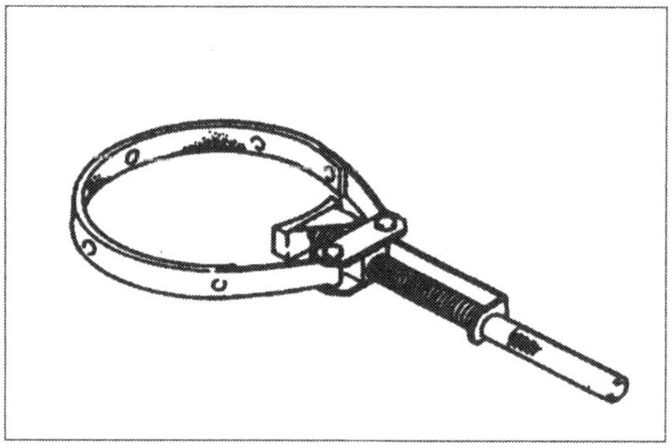

Bild 2
Rotorhalter Kawasaki 57001-1313

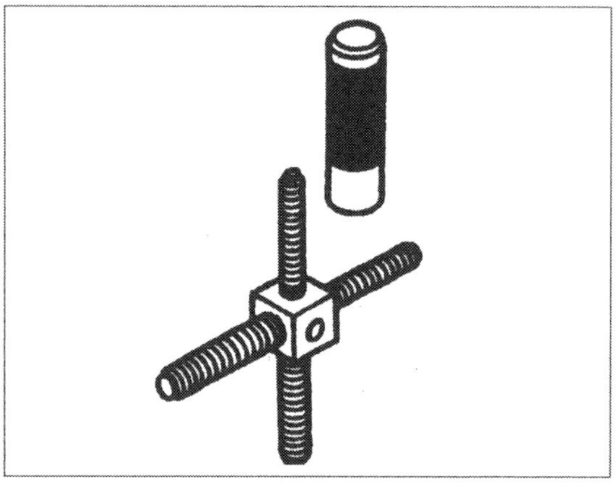

Bild 3
Rotorabzieher Kawasaki 57001-1216

Einige Verbrauchsstoffe muss man auf Vorrat halten:

Spiritus, Aceton, Fett, Kettenspray, Kontakt- und Kriechöl, Vaseline, Kupferpaste, Silikondichtmasse (zum Beispiel Dirko, Hylomar, Curil T), Schraubensicherung.

Wer über genügend Platz verfügt, dem sei empfohlen, auch noch folgende Geräte anzuschaffen:

- Druckluftschrauber mit Kompressor, dann natürlich auch: Reifenfüller mit Manometer und eine Ausblaspistole.
- Motorradhebebühne
- Schleifbock
- kleines MIG/MAG-Schweissgerät mit Winkelschleifer und Blechschere
- regelbare Gleichstromquelle (ideal: 0 – 30 Volt, 0 – 6 Ampere)

So ausgerüstet, bereitet es keine Schwierigkeiten, sich aus diversen Stahlreststücken vom nächstgelegenen Schrottplatz Abzieher, Spezialdorne oder Halter zu bauen.

Für die allgemeine und eigene Sicherheit sind unbedingt erforderlich:

CO_2- oder Pulver-Feuerlöscher, Sand, ein Eimer Wasser, Verbandszeug, Gehörschutz, Schutzbrille, Mundschutz, Sicherheitsschuhe, Arbeitshandschuhe, Telefon.

TIPP Der durchaus nicht unbeträchtliche finanzielle Aufwand für diese Werkzeuge kann sich in mancherlei anderer Weise bezahlt machen.
Bei Werkstattauflösungen oder durch Zeitungsinserate kommt man oft an gebrauchtes Profiwerkzeug wie Belzer, Hazet, Stahlwille, Snap–On oder Gedore. Dieses gebrauchte Werkzeug ist immer besser als Baumarktware und oft auch billiger. Dasselbe gilt für Kompressoren, Druckluftschrauber, Schleifböcke und MIG/MAG-Schweissgeräte, zusätzlich sind solche Geräte oft besser, wenn sie älter sind.

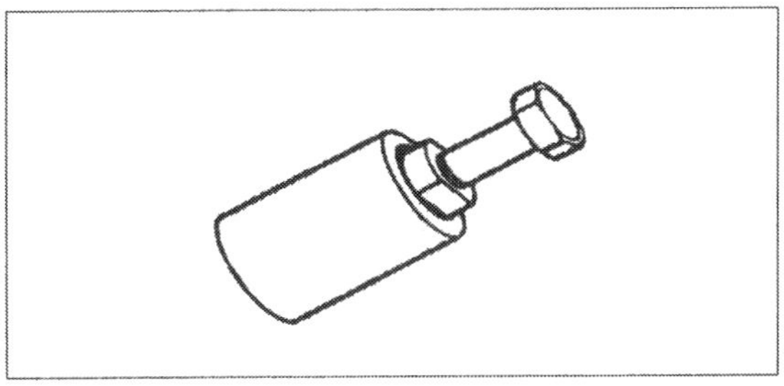

Bild 3a
Polradabziehglocke
Kawasaki 57001-1405

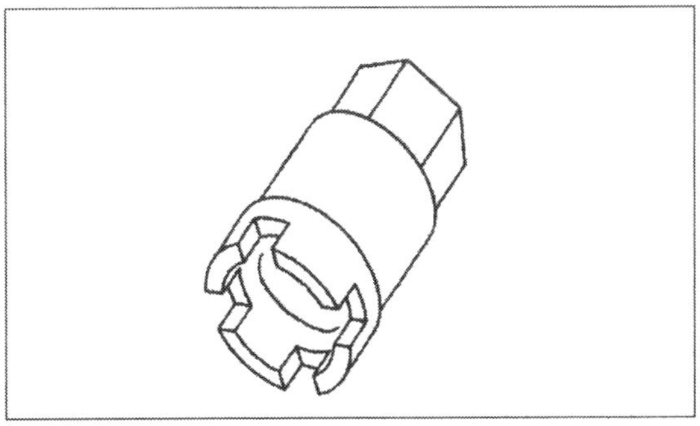

Bild 3b
Nutmutternschlüssel
Kawasaki 57001-1450

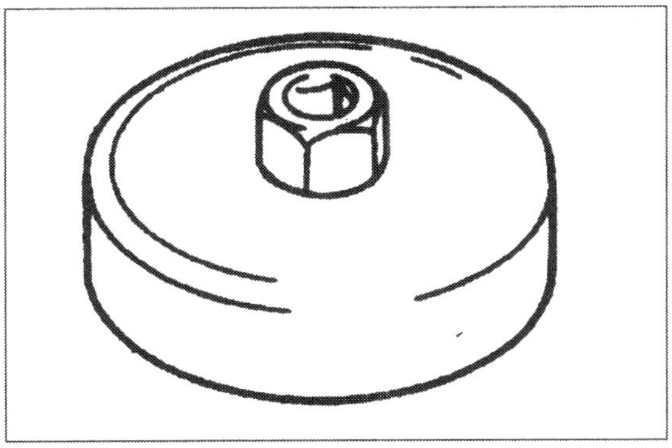

Bild 4
Kupplungsnabenhalter
Kawasaki 57001-1243

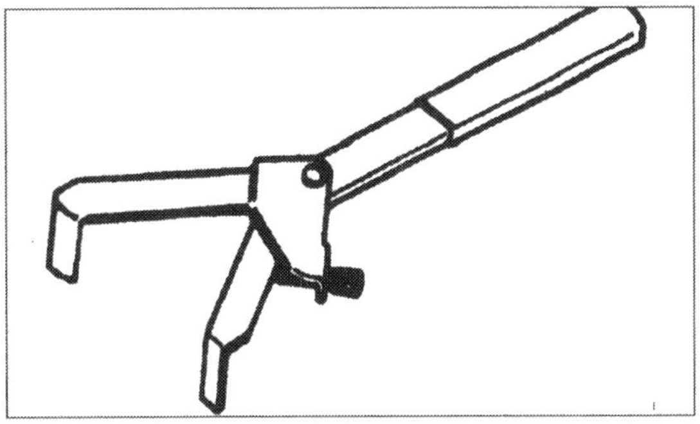

Bild 5
Ölfilterschlüssel Kawasaki 57001-1249

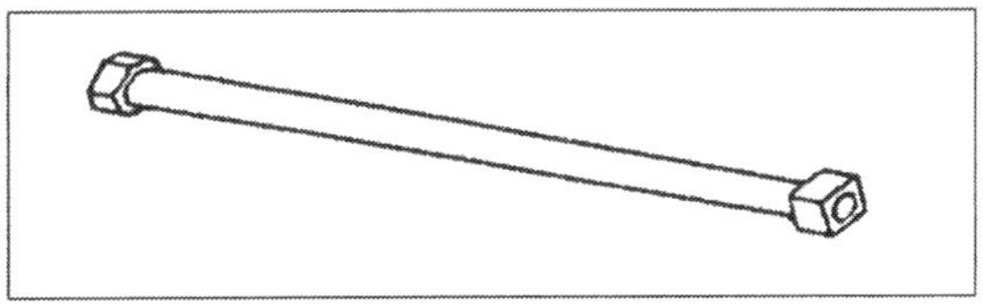

Bild 6
Gabelzylindergegenhalter
Kawasaki 57001-1406

Vorsicht! ⚠
Aufgepasst!

1.1 Kawasaki Spezialwerkzeug

■ Im Buch beschriebene Arbeiten erfordern folgendes Kawasaki-Spezialwerkzeug oder andere geeigneten Vorrichtungen:

	Originalwerkzeug	möglicher Ersatz
1. Ventilfederspanner	Kawasaki Nr. 57001-241	Eigenbau
2. Rotorhalter	Kawasaki Nr. 57001-1313	Druckluftschrauber
3. Rotorabzieher M16, M18, M20, M22 mal 1,5mm	Kawasaki Nr. 57001-1216	Eigenbau
3a. Polradabziehglocke	Kawasaki Nr. 57001-1405	Drehteil mit Innengewinde M 38 x 1,5
3b. Nutmutternschlüssel	Kawasaki Nr. 57001-1450	Notfalls Hammer und Meissel
4. Kupplungsnabenhalter	Kawasaki Nr. 57001-1243	Druckluftschrauber
5. Ölfilterschlüssel	Kawasaki Nr. 57001-1249	Ölfilterband
6. Gabelzylindergegenhalter zum Trennen des Standrohrs vom Tauchrohr	Kawasaki Nr. 57001-1406	Eigenbau oder Druckluftschrauber

Störungssuche

Es sind keine Klagen über die Zuverlässigkeit von Kawasaki-Vierventilmotoren bekannt. Störungen sind bei richtiger Pflege nicht sehr häufig, kommen aber dennoch gelegentlich vor. Die folgende Liste soll helfen, Fehler zu lokalisieren. Jedoch ist sie leider nicht vollständig, da nicht jede mögliche Ursache für die aufgeführten Störungen angegeben werden kann. Die Liste dient als Hilfe zur Fehlersuche bei häufig vorkommenden Störungen.

2.1 Schmiersystem

2.1.1 Ölstand zu niedrig, hoher Ölverbrauch

- Öl läuft aus, Dichtungen lassen durch
- verschlissene Kolbenringe
- abgenutzte Ventilführungen

2.1.2 Öl verschmutzt

- Öl oder Ölfilter wurde nicht rechtzeitig gewechselt
- Zylinderkopfdichtung ist schadhaft
- Kolbenringe sind verschlissen

2.1.3 Öldruck zu niedrig

- Ölstand zu niedrig
- Überdruckventil geöffnet oder festgeklemmt
- Ölpumpe verschlissen/Öl läuft aus

2.1.4 Öldruck zu hoch

- Überdruckventil geschlossen oder blockiert
- Ölfilter, Öltunnel verstopft
- Falsche Ölviskosität

2.1.5 Kein Öldruck

- Ölstand zu niedrig
- Ölpumpe defekt
- InternesÖlleck

2.2 Kraftstoffsystem

2.2.1 Motor wird durchgedreht, springt aber nicht an

- Kein Kraftstoff im Tank
- Kraftstoff gelangt nicht zum Vergaser
- Benzinhahn defekt oder Unterdruckschlauch geknickt bzw. eingeklemmt
- Motor mit Kraftstoff überflutet (abgesoffen)
- Kein Funke an den Zündkerzen
- Kraftstoff-Filter verstopft
- Luftfilter zugesetzt
- Nebenluft (Falschluft) wird angesaugt
- Falsche Choke/Gasdrehgriff-Betätigung
- Benzinpumpe, deren Relais oder Filter defekt

2.2.2 Motor springt schlecht an oder geht sofort wieder aus

- Falsche Choke-Betätigung
- Versagen der Zündanlage
- Vergaser defekt
- Kraftstoff verschmutzt
- Falschluft wird angesaugt
- Leerlaufdrehzahl falsch eingestellt

2.2.3 Unruhiger Leerlauf

- Zündsystem/Vergaser defekt
- Leerlaufdrehzahl falsch eingestellt
- Vergaser nicht synchronisiert
- Kraftstoff verschmutzt

2.2.4 Zündaussetzer beim Beschleunigen

- Zündsystem defekt
- Falscher Elektrodenabstand der Zündkerzen

2.2.5 Fehlzündungen

- Zündsystem defekt
- Vergaser defekt
- Falscher Elektrodenabstand der Zündkerzen
- Vergasereinheit zieht Falschluft

2.2.6 Schlechte Leistung und hoher Verbrauch

- Kraftstoffsystem verstopft
- Schwimmerstand zu hoch
- Zündsystem defekt
- Luftfilter verschmutzt

2.2.7 Zu mageres Gemisch

- Düsen verstopft
- Tank-Belüftung verstopft, Belüftungsschlauch eingeklemmt
- Kraftstoffschlauch eingeklemmt
- Ansaugen von Falschluft
- Schwimmerstand zu niedrig

2.2.8 Zu fettes Gemisch

- Choke bei warmem Motor betätigt
- Luftfilter verschmutzt
- Schwimmerstand zu hoch

2.3 Zylinderkopf, Ventile & Zylinder

2.3.1 Zu niedrige oder ungleichmässige Kompression

- Ventile falsch eingestellt
- Ventile verbrannt oder verbogen
- Falsche Ventilsteuerzeiten (Montagefehler)
- Ventilfeder gebrochen
- Zylinderkopfdichtung bläst durch
- Zylinderkopf verzogen oder gerissen
- Zylinder oder Kolbenringe verschlissen

2.3.2 Zu hohe Kompression

- Übermässige Ölkohlebildung im Brennraum

2.3.3 Starke Geräuschentwicklung

- Ventile falsch eingestellt
- Klemmendes Ventil oder gebrochene Ventilfeder
- Steuerkette zu locker oder verschlissen
- Steuerkettenspanner verschlissen oder beschädigt
- Kolben oder Zylinder verschlissen
- Übermässige Ölkohlebildung im Brennraum

2.3.4 Starke Rauchentwicklung

Heller Qualm:

- Kühlmittel wird verbrannt (Zylinderkopfdichtung)
- Zylinder oder Kolben verschlissen
- Kolbenringe falsch montiert/gebrochen
- Kolben oder Zylinderwand mit Riefen oder Schrammen
- Ventilschaftdichtungen oder Führungen verschlissen
- Zu viel Öl eingefüllt

Dunkler Qualm:

- Luftfilter verstopft
- Hauptdüse locker oder herausgefallen
- Chokekolben klemmt offen
- Schwimmerstand zu hoch

2.3.5 Überhitzen

- Übermässige Ölkohlebildung im Brennraum
- Kühler zugesetzt, verschmutzt oder beschädigt, Wasserpumpe defekt

2.4 Kupplung, Getriebe und Schaltgestänge

2.4.1 Kupplung rutscht beim Beschleunigen

- Kein Spiel im Seilzug
- Feder erlahmt oder zu schwach
- Kupplungsbeläge verschlissen oder verschmutzt

2.4.2 Kupplung rückt nicht aus

- Zu viel Spiel im Seilzug
- Kupplungsscheiben verzogen
- Druckmechanismus defekt

2.4.3 Kupplung rupft

- Kupplungskorb – oder Nabe riefig (tiefe Spuren vom Mitnehmen der Scheiben)

2.4.4 Übermässig starke Hebelkraft erforderlich

- Kupplungszug falsch verlegt, beschädigt oder korrodiert
- Druckmechanismus beschädigt oder Arbeitspunkt falsch eingestellt

2.4.5 Getriebe schwer schaltbar

- Falsche Kupplungseinstellung, zu viel Spiel in der Betätigung
- Schaltgabeln/Schaltwelle verbogen
- Schaltwalze beschädigt

2.4.6 Gänge springen heraus

- Schaltklauen verschlissen oder verbogen
- Schaltwelle verbogen
- Schaltwalzen-Anschlag defekt

2.5 Kurbelgehäuse und Kurbelwelle

2.5.1 Übermässig lautes Geräusch

- Kurbelwellenhauptlagerzapfen oder Lager verschlissen (Rumpeln)
- Pleuellager verschlissen (Klopfen)

2.6 Frontpartie

2.6.1 Lenkung schwergängig

- Lenksäulenmutter zu fest angezogen (bei langsamer Fahrt: Schlangenlinien)
- Lenkkopflager defekt
- Reifendruck zu niedrig

2.6.2 Motorrad zieht nach einer Seite

- Rahmen verbogen
- Gabelbrücken verzogen
- Standrohre verbogen
- Vorderachse verbogen
- Vorderrad falsch eingebaut
- Gabelbrücken und Standrohre verdreht montiert

2.6.3 Vorderrad flattert

- Rad verzogen
- Vorderradlager ausgeschlagen
- Reifen schlecht montiert oder defekt
- Reifen unwuchtig
- Achsmutter nicht genügend angezogen

2.6.4 Federung zu weich

- Falsche Federvorspannung oder Vorspannhülse fehlt
- Falsche Gabelöl-Viskosität

2.6.5 Federung zu hart

- Zu viel Gabelöl
- Falsche Gabelöl-Viskosität

2.6.6 Geräusche beim Einfedern

- Gleitrohr abgenutzt
- Führungsbuchsen abgenutzt
- Zu wenig Gabelöl
- Befestigungsteile an der Vorderradgabel sind lose

2.7 Vorderradbremse

2.7.1 Schlechte Bremsleistung

- Luft im Hydrauliksystem
- Abgenutzte Bremsklötze
- Bremsklötze verschmutzt oder verglast
- Hydrauliksystem undicht

2.7.2 Vorderbremse rubbelt

- Bremsscheibe hat Schlag oder Dickenunterschied

2.7.3 Nachlassende Bremswirkung unter starker Belastung

- Bremsflüssigkeit überaltert

2.8 Heckpartie

2.8.1 Trommeln oder Flattern des Vorderrades

- Rad verzogen
- Radlager lose
- Reifen schlecht montiert
- Reifen defekt oder unwuchtig
- Rad nicht festgezogen
- Schwingenlager zu viel Spiel/defekt

2.8.2 Fussbremshebel pulsiert

- Bremsscheibe hinten hat Schlag oder Dickenunterschied

2.8.3 Federung zu weich

- Federvorspannung falsch eingestellt oder Stossdämpfer verschlissen

2.8.4 Geräusche beim Einfedern

- Stossdämpfergehäuse klemmt an Dämpferstange (verbogen)
- Befestigungsteile lose
- Schwingenlager verschlissen

2.8.5 Schlechte Bremsleistung

- Bremsbeläge verölt, verglast, verschmutzt oder abgefahren
- Luft oder Undichtigkeit im Hydrauliksystem

2.9 Batterie und Ladesystem

2.9.1 Kein Strom bei eingeschalteter Zündung

- Batterie leer/zu niedriger Säurestand/zu niedrige Säuredichte
- Störung von Generator oder Regler
- Batteriepolkabel lose
- Hauptsicherung durchgebrannt
- Zündschloss defekt

2.9.2 Schwacher Strom bei eingeschalteter Zündung

- Batterie leer/zu niedriger Säurestand/zu niedrige Säuredichte
- Störung von Generator oder Regler
- Batteriepolkabel lose

2.9.3 Schwacher Strom bei laufendem Motor

- Eine oder mehrere Zellen der Batterie haben einen Kurzschluss
- Störung von Generator oder Regler

2.9.4 Zeitweilig aussetzender Strom

- Lose Kabelanschlüsse (Wackelkontakte)

2.9.5 Störung im Ladekreis

- Kabel oder Anschluss lose, gerissen oder mit Masse verbunden
- Regler oder Generator defekt

2.10 Zündsystem

2.10.1 Motor wird durchgedreht, springt aber nicht an

- Kein Funke an den Zündkerzen
- Drehzahlgeberspule defekt
- Kabel zwischen Drehzahlgeberspule oder Drosselklappensensor und Zündbox, oder zwischen Zündbox und Zündspulen haben schlechten Kontakt bzw. sind gerissen oder kurzgeschlossen
- Störung der Steuerlogik von Seitenständer, Kupplungshebel, Not – Off oder Zündschloss
- Digitale Zündbox defekt

2.10.2 Kein Funke an den Zündkerzen

- Kurzschlussschalter auf OFF
- Kabel zwischen Drehzahlgeberspule oder Drosselklappensensor und Zündbox, oder zwischen Zündbox und Zündspulen haben schlechten Kontakt bzw. sind gerissen oder kurzgeschlossen
- Störung der Steuerlogik von Seitenständer, Kupplungshebel, Not – Off oder Zündschloss
- Zündschloss defekt
- Zündspule/Drehzahlgeberspule defekt/Drosselklappensensor defekt

2.10.3 Motor springt an, läuft aber stotternd oder dreht nicht hoch

- Zündspule/Zündkerze defekt
- Loses oder blankes Kabel
- Wackelkontakt oder loses Kabel in einem Schalter
- Defekt im Zündstromkreis
- Falscher Zündzeitpunkt
- Drehzahlgeberspule defekt
- Drosselklappensensor defekt
- Defekt im Kraftstoffsystem oder bei den Kraftstoffabsperrventilen

2.11 Starter

2.11.1 Startermotor dreht sich nicht

- Batterie entladen
- Zündschloss defekt, Startknopf, Leerlauf- oder Seitenständerlogik defekt
- Startrelais defekt
- Kabel lose
- Startermotor defekt

2.11.2 Startermotor dreht den Motor nur langsam durch

- Zu schwache Batterie
- Hoher Übergangswiderstand im Startstromkreis
- Startermotor defekt

2.11.3 Startermotor läuft, ohne den Motor durchzudrehen

- Starterfreilauf oder Vorgelege defekt
- Verzahnung der Starterwelle defekt
- Kohlen des Startermotors abgenutzt

Wartung

Es dürfte sich inzwischen herumgesprochen haben, dass ohne sorgfältige Wartung kein sicherer Fahrbetrieb möglich ist. Kawasaki Deutschland sieht vor:

3.1 Wartungstabelle

Arbeiten		**Intervall/km**							
		Zeitintervall	**1000**	**6000**	**12 000**	**18 000**	**24 000**	**30 000**	**36 000**
Zündkerzen	+			•	•	•	•	•	•
Ventilspiel	+				•		•		•
Luftansaugmembranen	+			•	•	•	•	•	•
Luftfilter	+#				•		•		•
Belüftungsfilter	+#				•		•		•
Gasdrehgriffspiel	+		•		•		•		•
Leerlaufdrehzahl	+		•		•		•		•
Synchronisation	+				•		•		•
Ölwechsel	#	6 Monate	•	•	•	•	•	•	•
Ölfilterwechsel			•		•		•		•
Antriebskette	+#	1000 km		•	•	•	•	•	•
Bremsbeläge	+#			•	•	•	•	•	•
Bremslichtschalter	+		•	•	•	•	•	•	•
Lenkkopflager	+		•	•	•	•	•	•	•
Gabelölwechsel		2 Jahre					•		
Stossdämpfer hinten	+				•		•		•
Telegabeldämpfung	+				•		•		•
Bereifung	+			•	•	•	•	•	•
Schwingenumlenkung	+				•		•		•
Allgemeiner Schmierdienst						•		•	•
Muttern, Schrauben	+		•		•		•		•
Antriebskette schmieren	#	600 km		•	•	•	•	•	•
Bremsflüssigkeitstand	+	Monat	•	•	•	•	•	•	•
Kupplungseinstellung	+	Monat	•	•	•	•	•	•	•
Kühlerschläuche	+		•						
Bremsflüssigkeit wechseln		2 Jahre					•		
Bremsmanschetten und Dichtungen wechseln		4 Jahre							
Kühlflüssigkeit wechseln		2 Jahre					•		
Lenkkopflager schmieren		2 Jahre					•		
Kühlmittelfilter reinigen		1 Jahr			•		•		•

+ = kontrollieren, gegebenenfalls ersetzen, einstellen, nachziehen, schmieren
# = Bei Fahrten unter schwierigen Bedingungen muss diese Wartung öfters durchgeführt werden

Vorsicht! ⚠
Aufgepasst!

3.2 Verkleidungs- und Tankausbau

- Der Ausbau dieser beiden Teile ist nicht grundsätzlich für alle Wartungsarbeiten erforderlich.
- Demontageanweisungen gelten sinngemäss für links und rechts.

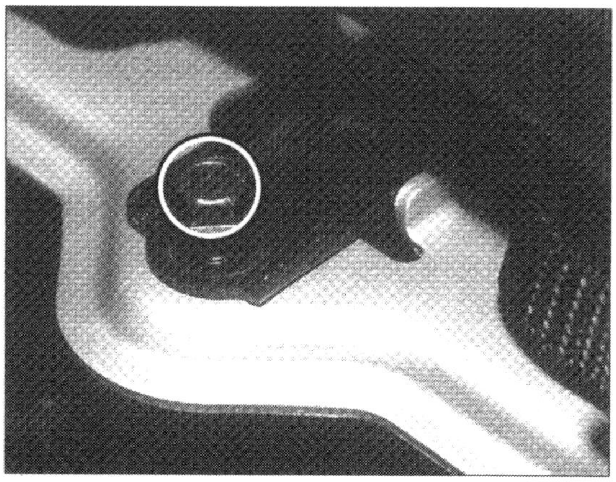

Bild 8
Halteschraube des Vordersitzes

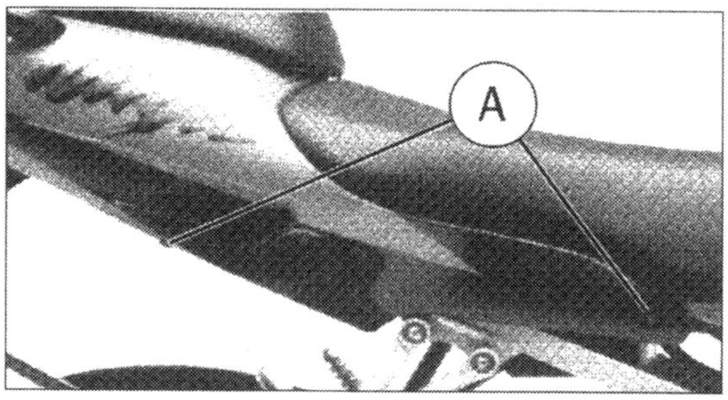

Bild 9
Befestigung der Heckverkleidung (A)

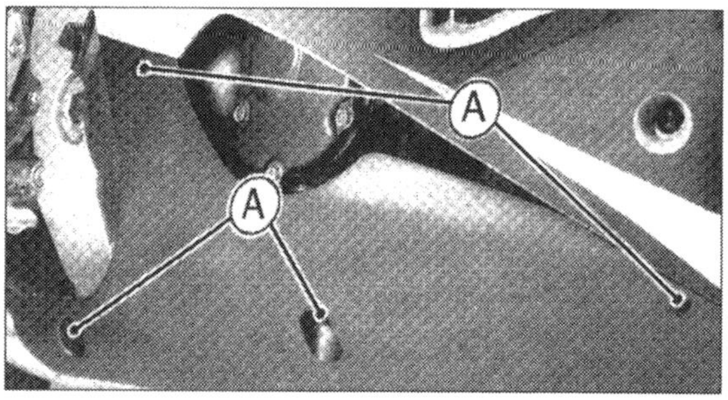

Bild 10
Befestigung des Unterteils (A)

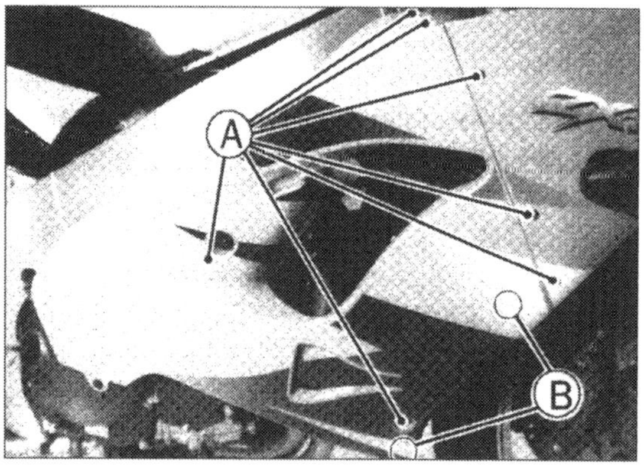

Bild 11
Schrauben (A) und Rasten (B) des Mittelteils

Heckverkleidung

- Rücksitz mit Zündschlüssel entriegeln und hinten hochnehmen. Vordersitz losschrauben (**Bild 8**) und nach hinten abnehmen. Soziushaltegriffe entfernen (vier Schrauben), Heckverkleidung losschrauben (**Bild 9**, Schrauben A, links und rechts) und nach hinten abnehmen. Sitzbankschloss abschrauben.

Frontverkleidung, Unterteil

- Auf jeder Seite die Schrauben (**Bild 10**, Schrauben A) entfernen und das Verkleidungsunterteil vorsichtig genau nach unten ziehen, damit die Nasen frei ausrasten können.

Frontverkleidung, Mittelteil

- Auf jeder Seite die Schrauben (**Bild 11**, Schrauben A) entfernen und die beiden mittleren Verkleidungsteile vorne nach aussen ziehen, damit die Nasen des Innenteils (**Bild 11**, Bereich B) frei werden. Das Innenteil ist dadurch ebenfalls losgelöst.

Frontverkleidung, Oberteil

- Zuerst wird die Steckverbindung des Scheinwerferkabels getrennt. Jetzt die Schraubverbindungen (**Bild 12**) A am Cockpit und B an den Spiegeln lösen, Rückspiegel abnehmen und den Belüftungsfilter, (**Bild 13**) an der Stelle C, durch Wegschieben der Schelle vom Schlauch trennen. Schrauben A und Luftkanalschellen B (**Bild 14**) lösen. Nun kann die Frontverkleidung vorsichtig nach vorne etwas abgenommen werden, um die Blinkersteckverbindungen zu lösen.

Tank

- Benzinhahn auf OFF stellen. Stellscheibenschraube und Benzinschlauch B (**Bild 15**) entfernen. Tankbefestigungsschrauben und Haltewinkel abschrauben (**Bilder 16** und **17**). Den Tank hinten ganz leicht anheben und etwas nach rechts schwenken, um die Benzinhahnwelle auszufädeln, dann den Tank herunternehmen.

- Der Einbau geschieht sinngemäss in umgekehrter Reihenfolge.

3.3 Kraftstoffleitungen

⚠ Bei Arbeiten an den Kraftstoffleitungen ist, wegen der starken Benzindampfbildung, besondere Vorsicht angebracht. Zündung auf OFF stellen, Funken, Rauchen und statische Aufladung vermeiden und auf gute Lüftung achten. Benzin ist wesentlich leichter entzündlich als Kerosin und obendrein ziemlich giftig und krebserregend, insbesondere wegen des hohen Benzolanteils. Falls Kraftstoff auf Kleider tropft, empfiehlt es sich, diese sofort auszuziehen. Das Einatmen der Dämpfe und der Hautkontakt sind sehr schädlich.

Benzinhahn

■ Im Benzinhahn befinden sich zwei Kraftstoffsiebe. Es kann vorkommen, dass sie verstopfen. Zum Reinigen den Tank ausbauen *(Kapitel 3.2)* und den Kraftstoff in ein zulässiges Gefäss, zum Beispiel einen 20-Liter-Benzinkanister füllen. Benzinhahn abschrauben, dabei auf die Nylon- Dichtscheiben unter den Schrauben und die Gummiformdichtung im Flansch achten. Die Siebe müssen vorsichtig gereinigt werden, denn sie sind als Einzelteil nicht erhältlich.

Benzinfilter

■ Der externe Benzinfilter liegt in der Leitung vom Tank zur Benzinpumpe, mit Pfeil in Richtung Pumpe. Er muss nur ausgetauscht werden, wenn er schmutzig aussieht.

Benzinpumpe
Siehe Abschnitt Elektrik.

3.4 Luftfilter

■ Sitzbänke, Tank und Befestigungsschrauben A entfernen (**Bild 18**), Luftfilterdeckel B abnehmen und Filterelement komplett mit Sieb und Halter herausnehmen. Filterelement auf Risse untersuchen und mit Dieselöl oder Ähnlichem reinigen. Anschliessend abtropfen lassen und ausblasen. Zum Schluss wird SAE30 Öl mit einem Lappen ringsherum aufgetragen. Aus dem Gehäuse wird das Kondensat, Öl oder Wasser am transparenten Ablassschlauch in der Nähe des Ritzeldeckels abgelassen.

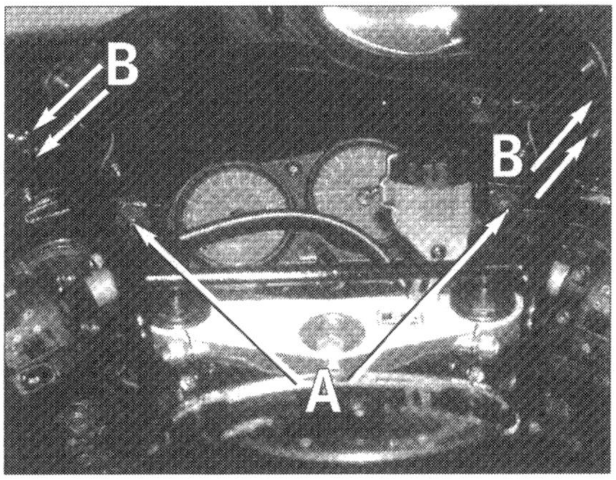

Bild 12
Cockpitschrauben (A) und Spiegelbefestigung (B)

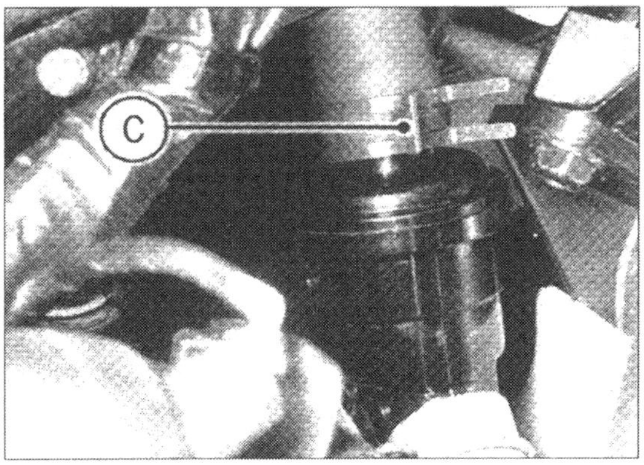

Bild 13
Belüftungsfilter wird hier vom Schlauch getrennt

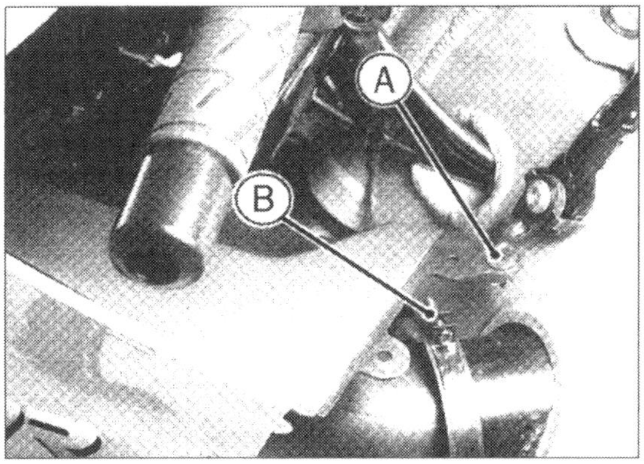

Bild 14
Schrauben (A) entfernen, Schellen (B) lösen

Bild 15
Schlauch (B) abziehen, vorher Betätigungsrad abschrauben

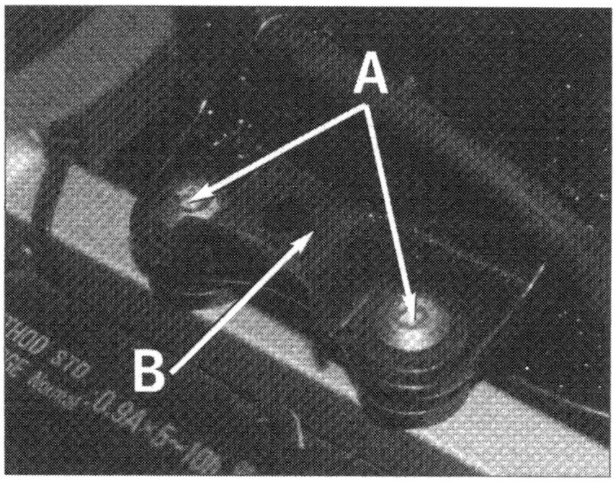

Bild 16
Tankbefestigung
A Schrauben
B Haltewinkel

Bild 17
Tankbefestigung

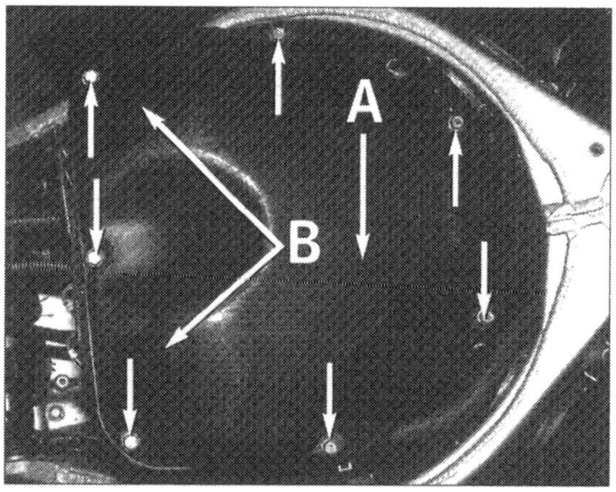

Bild 18
Pfeile Luftfilterdeckelschrauben
Deckel (A), Gummistopfen (B)

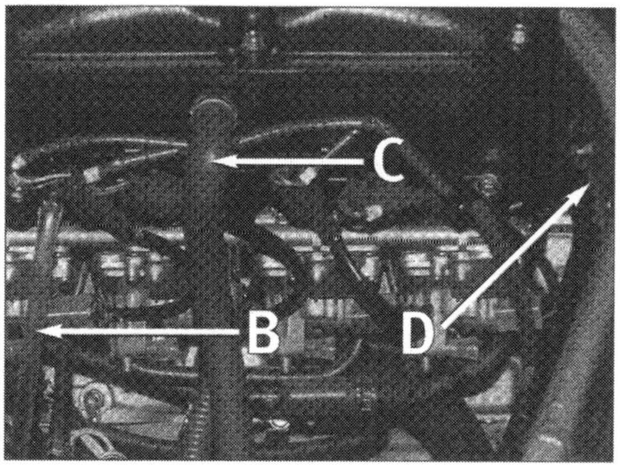

Bild 19
Luftfilter komplett ausbauen, zwei Schrauben sind unter den Gummistopfen (siehe Bild 18)

3.5 Zündkerzen

■ Heutzutage halten Zündkerzen ziemlich lange, weil kein Blei mehr im Kraftstoff ist. Dennoch ist die Kontrolle derselben alle 6000 Kilometer vorgesehen.

Zündkerzen ausbauen

■ Tank entfernen und Luftfilterkasten komplett ausbauen. Dazu die Gummistopfen im Deckel entfernen, Schläuche B, C, D abziehen (**Bild 19**). Die beiden Schrauben unter dem Gummistopfen B in Bild 18 herausdrehen und die vier Schellen vorne (**Bild 20**) am Luftkanal lösen. Luftfilterkasten hinten anheben und nach hinten aus den Luftkanälen ziehen. Nun liegen die vier Zündspulen frei. (**Bild 21**) Vorsichtig die vier Steckverbindungen abziehen und die Zündspulen genau senkrecht nach oben von den Kerzen abziehen, nicht heraushebeln. Nun können die Zündkerzen sogar mit dem Bordwerkzeugkerzenschlüssel (SW16) mühelos entfernt werden. Es empfiehlt sich, vorher gründlich mit Druckluft um den Kerzensitz herumzublasen, falls sich da Schmutz angesammelt hat.

Zündkerzen prüfen

■ Die Kawasaki ZX-9R besitzt Radialzündkerzen (**Bild 22**). Den Elektrodenabstand misst man hier mit der Fühlerlehre seitlich zwischen Mittelelektrode und Seitenelektroden. Beim Einstellen kelnesfalls den Abstand aufhebeln, sondern die Seitenelektroden mit der Zange auf den Abstand 0,7 bis 0,8 Millimeter biegen.

Einbau

■ Beim Einschrauben der Zündkerzen auf sicheres Ansetzen achten. Festziehen mit 18 Nm. Die Zündspulen vorsichtig aufschieben bis zum Einschnappen, keinen Hammer verwenden. Die Steckverbindungen müssen nach hinten weisen. Beim Einbau des Luftfiltergehäuses zuerst die Luftkanalverbindung hineinschieben. Schellen erst nach korrektem Sitz des Gehäuses festziehen.

3.6
Kühlsystem

Das Kühlsystem wird gewartet, indem der Kühlmittelstand regelmässig kontrolliert und das Kühlmittel alle zwei Jahre gewechselt wird. Am Ende jeder Saison sollte noch der kleine Filter im Vergaserheizungskreislauf gereinigt werden.

⚠ **Vorsicht:** nur bei kaltem Motor! Kühlmittel ist giftig, macht Reifen glitschig und greift Lack an.

Kühlmittelstand kontrollieren

- Bei kaltem Motor Maschine senkrecht stellen und im Ausgleichsbehälter den Pegel kontrollieren (**Bild 23**). Befindet er sich unter der Marke L, wird der Ausgleichsbehälter mit Kühlmittel und demineralisiertem Wasser, Verhältnis 50 zu 50, bis zur Marke F aufgefüllt.

⚠ Falls im Kühlwasser weissliche, wollähnliche Verunreinigungen sichtbar sind, oder braune Verfärbungen, muss das Kühlmittel ausgetauscht werden.

Kühlmittel wechseln

- Ablassen: Am Kühler den Deckel entfernen. Behälter (3 Liter) unter die Ablassschraube am Wasserpumpendeckel stellen und dieselbe öffnen. Danach Ausgleichsbehälter leeren.

Bild 20
Luftfilter von vorne mit Luftkanal. Alle vier Schellen lösen, zwei pro Seite.

Bild 21
Die vier Zündspulen stecken auf den Kerzen

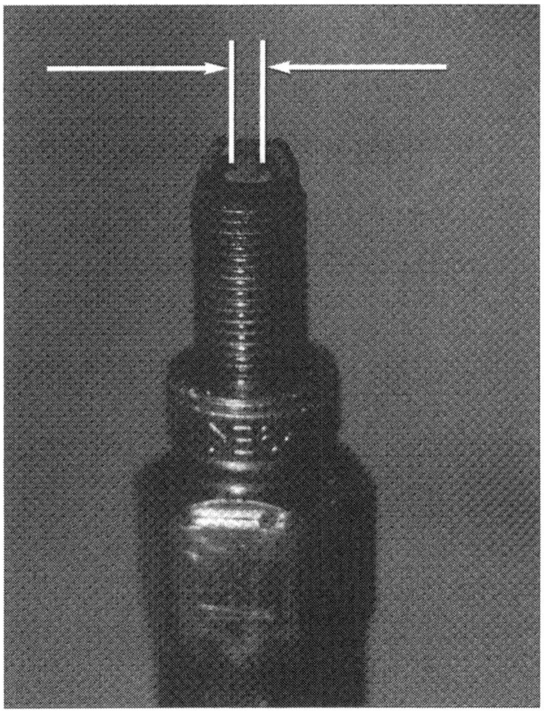

Bild 22
Hier wird der Elektrodenabstand gemessen

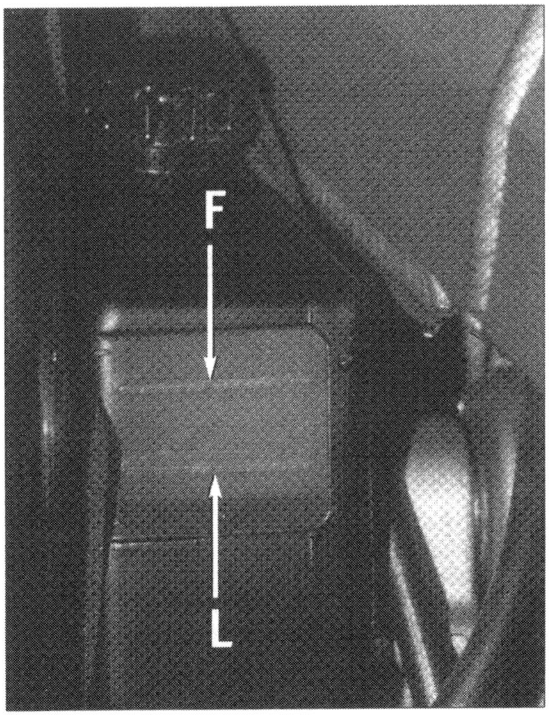

◄ Bild 23
Flüssigkeitsstand
F = Maximum
L = Minimum

Vorsicht! ⚠
Aufgepasst! 👁

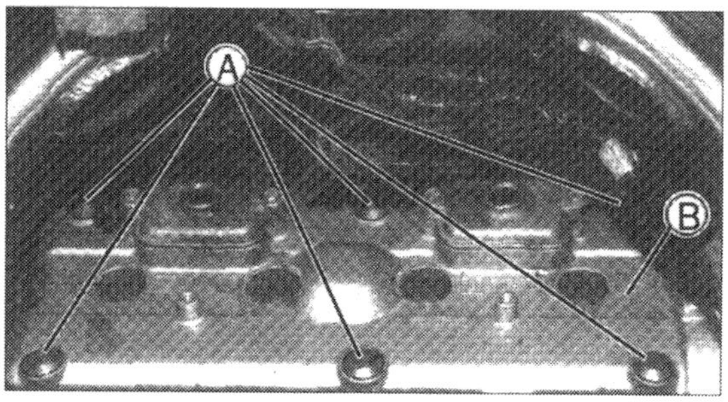

Bild 24
Sechs Schrauben (A) für Ventildeckel (B)

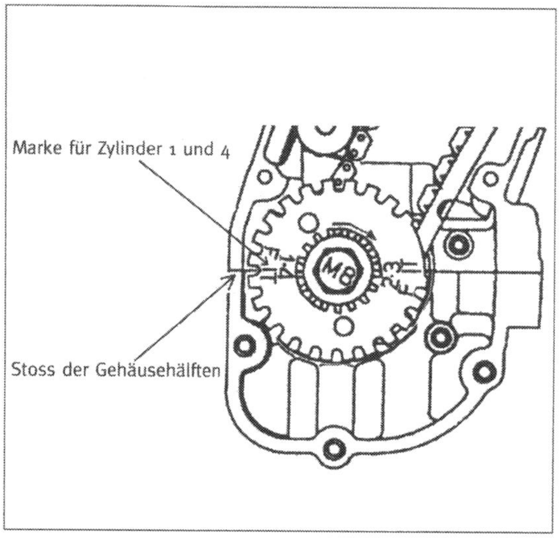

Bild 25
T = OT von Zylinder 1 und 4, deckt sich mit der Stosskante der Gehäusehälften hinten

Bild 26
Ventilspiel messen und fühlen

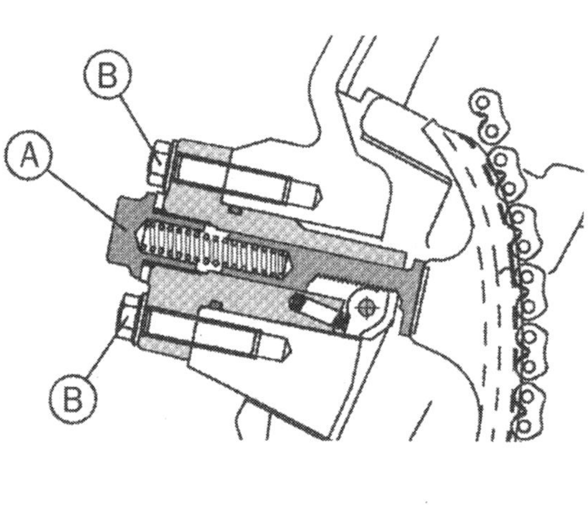

Bild 27
Steuerkettenspanner eingebaut.
A Verschlussschraube
B Halteschraube

- Dazu untere und mittlere Verkleidung links und rechts entfernen, siehe Kapitel 3.2, Ausgleichsbehälter abschrauben und entleeren.
- Wiederbefüllen: Ablassschraube festziehen (11 Nm), Ausgleichsbehälter montieren, langsam frisches Kühlmittelgemisch, Zusammensetzung wie oben beschrieben, bis zum Absatz des Stutzens einfüllen. Danach den Ausgleichsbehälter bis Marke F füllen. Nun wird der Motor gestartet.

⚠ Dazu mit der Maschine unbedingt ins Freie gehen, Abgase sind trotz Katalysator giftig!

- Es steigen wahrscheinlich Luftblasen am Einfüllstutzen auf. Nun auf alle Kühlschläuche klopfen, bis keine Blasen mehr aufsteigen. Motor wieder abschalten, Kühlmittel nachfüllen, Deckel schliessen und Maschine bis zum Start des Ventilators warm laufen lassen. Maschine abkühlen lassen, das dauert mindestens 3 Stunden, und am Ausgleichsbehälter den Kühlmittelstand kontrollieren, gegebenenfalls nachfüllen.

3.7 Ventilspiel einstellen

Das Ventilspiel ist wichtig, denn nur beim festen Andruck auf den Ventilsitz kann ein Ventil aufgenommene Wärme an den Zylinderkopf abführen. Ist das Ventilspiel zu gering, wird es nicht genügend oder gar nicht angedrückt, was alsbald zu einem Wärmestau, zum Glühen und damit zum Klopfen des Motors führt. Ist das Ventilspiel zu gross, klappert der Motor. Dabei kommt es zu höheren Beschleunigungsspitzen im ganzen Ventiltrieb und somit zu grösserem Verschleiss.

Ventilspiel kontrollieren (kalter Motor, weniger als 35 Grad, maximal handwarm)
Alle 12 000 Kilometer soll das Ventilspiel kontrolliert werden. Dazu müssen viele Teile ausgebaut werden: Sitzbänke, Tank, Verkleidung vorne komplett, Luftfilterkasten, Vergaseranlage, Zündspulen, Prallblech und Impulsgeberdeckel. Wir beginnen mit der Beschreibung des Vergaserausbaus.

- Vergaserausbau:
  Kühlmittel ablassen, *siehe 3.6*. Nach Ausbau des Luftfilterkastens, *siehe 3.5*, Benzinschlauch und Kühlmittelschläuche am Vergaser entfernen, Steckverbindung an der Drosselklappe und am Benzinabsperrventil abziehen. Nun die Vergaser-

schellen an den Ansaugstutzen lösen. Vergaserbatterie vorsichtig wegstemmen und die Gas- und Choke-Züge aushängen.

- Ventildeckel ausbauen:
  Vakuumschaltventil mit Schläuchen ausbauen, Prallblech, eventuell die Deckel der Luftansaugventile mit ausbauen. Nun die Zündspulen entfernen. Jetzt liegt der Deckel frei. Schrauben A (**Bild 24**) abschrauben und Ventildeckel B abnehmen. Impulsgeberdeckel, rechts über der Kurbelwelle abschrauben. Hier wird die korrekte Ventilspieleinstellposition gefunden (**Bild 25**).
- Ventilspiel kontrollieren:
  Wir drehen die Kurbelwelle so auf die OT-Position von Zylinder 1 und 4, dass die Nockenwelle sich am Ende des Kompressionstaktes von Zylinder 4 befindet, das heisst, das Einlassventil von Zylinder 4 muss sich gerade geschlossen haben, dann drehen wir weiter auf die nächstmögliche Marke T-Marke von 1.4. Wir messen (**Bild 26**) in dieser Position:

– Einlassventile von Zylinder 2 und 4
– Auslassventile von Zylinder 3 und 4 und notieren die Ergebnisse genau.

Anschliessend gehen wir auf das Ende des Kompressionstaktes von Zylinder 1 (360 Grad weitergedreht) bei der selben Marke und messen in dieser Position:

– Einlassventile von Zylinder 1 und 3
Auslassventile von Zylinder 1 und 2 und notieren die Ergebnisse genau.

Liegt eines der Ventilspiele ausserhalb der Toleranz von:

Einlass 0.15 bis 0.24 Millimeter (oder ideal: 0.18 Toleranz - 0.03 + 0.06)
Auslass 0.22 bis 0.31 Millimeter (oder ideal: 0.25 Toleranz - 0.03 + 0.06)

müssen die Nockenwellen ausgebaut werden und entsprechende Einstellplättchen oder Shims am jeweiligen Ventil unter dem Tassenstössel ausgetauscht werden.

Das eigentliche Messen des Ventilspiels ist ganz einfach. In den oben beschriebenen Kolbenpositionen schieben wir, wie in **Bild 26**, Fühlerlehrenblätter zwischen Tassenstössel und Nockenwelle an den bezeichneten Ventilen. Bei Einlassventilen darf die 0.15-Millimeter-Lehre beim Verschieben nicht bremsen, muss also leicht, ohne fühlbaren Widerstand durchgleiten. Die 0.25-Lehre darf nicht hineinpassen. Bei den Auslassventilen muss die 0.25-Lehre sehr schwer bis leicht hineingehen und die 0.35-Lehre darf nicht hineinpassen. Genauer könnte man messen, wenn man sich Fühlerlehren in Hundertstelabstufung beschafft, aber das ist bei dem grossen Toleranzfeld nicht notwendig.

Ventilspiel einstellen
Sollten ein oder mehrere Ventile ausserhalb des Toleranzbereichs liegen, müssen Ventile eingestellt werden, wozu die Nockenwellen auszubauen sind.

- Nockenwellenausbau: Zylinder 1 und 4 stehen am OT (**Bild 25**, siehe Marke 1.4 an der Kurbelwelle). Steuerkettenspanner (**Bild 27**) und die Ventildeckeldichtung entfernen. Die Schrauben der Nockenwellenlagerböcke herausdrehen und Kettenführung nebst Lagerböcken entfernen (**Bild 28**). Nun werden die Nockenwellen links angehoben und am Kettenrad aus der Kette gefädelt.

TIPP Kette mit Draht festbinden.

- Auf alle Passstifte und O-Ringe achten, und dass nichts in den Kettentunnel fällt.
- Nun sieht man die 16 Tassenstössel. Die einzustellenden Tassenstössel werden nummeriert und vorsichtig mit einem Magneten herausgezogen. Dabei auf Verbleib der Shims im Stössel achten. Die Shims heraushebeln, ohne sie zu verwechseln, mit dem Lappen abwischen und die Beschriftung notieren. Eventuell mit Bügelmessschraube nachmessen.

Beispiel:

Kawasaki-Teile-Nummer	Beschriftung	Dickenmass (in mm)
92180 - 1032	95	2.95
92180 - 1034	00	3.00
92180 - 1036	5	3.05
92180 - 1038	10	3.10

und so weiter

War das Ventilspiel zu gross, braucht man ein Ersatzplättchen, das um das gleiche Mass dicker als das alte ist, wie das Ventilspiel zu gross war. Ziel ist, beim anschliessenden Messen ins Toleranzfeld zu kommen.

Vorsicht! ⚠
Aufgepasst!

Bild 28
Anzugsreihenfolge Nockenwellenlagerdeckelschrauben

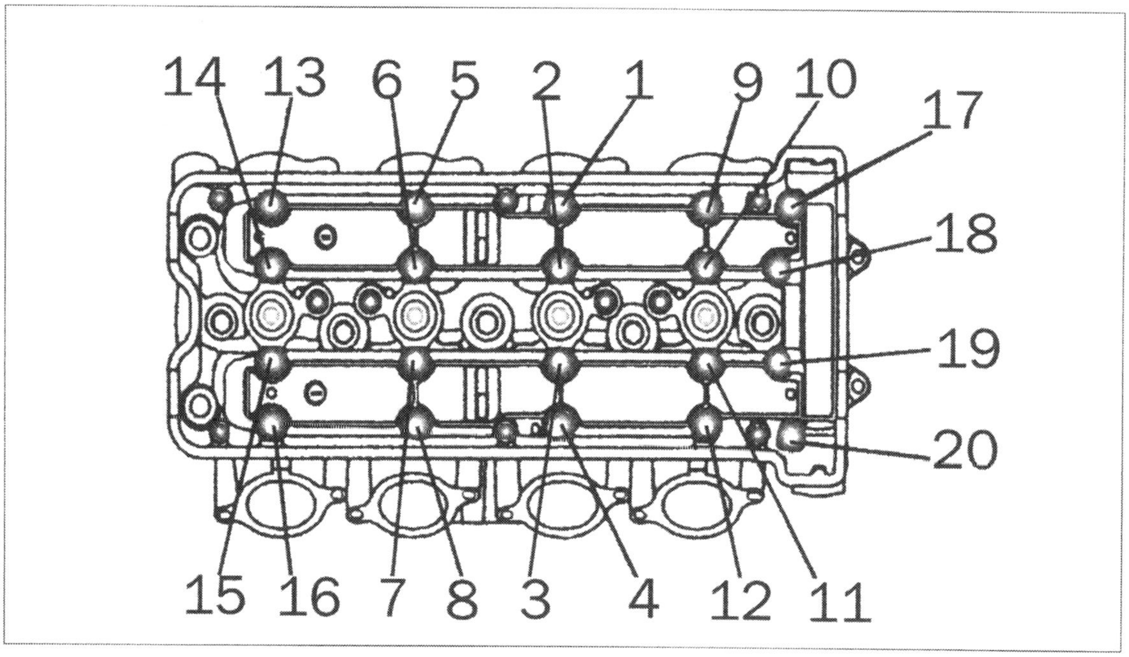

Bild 29
Steuerzeiten. Steuerkette (A) straff, Markierung (C) ausgerichtet auf Stosskante (B), Markierung (D) ausgerichtet auf Stosskante (B), 30 Stifte von Kante zu Kante
E = Markierung OT 1.4

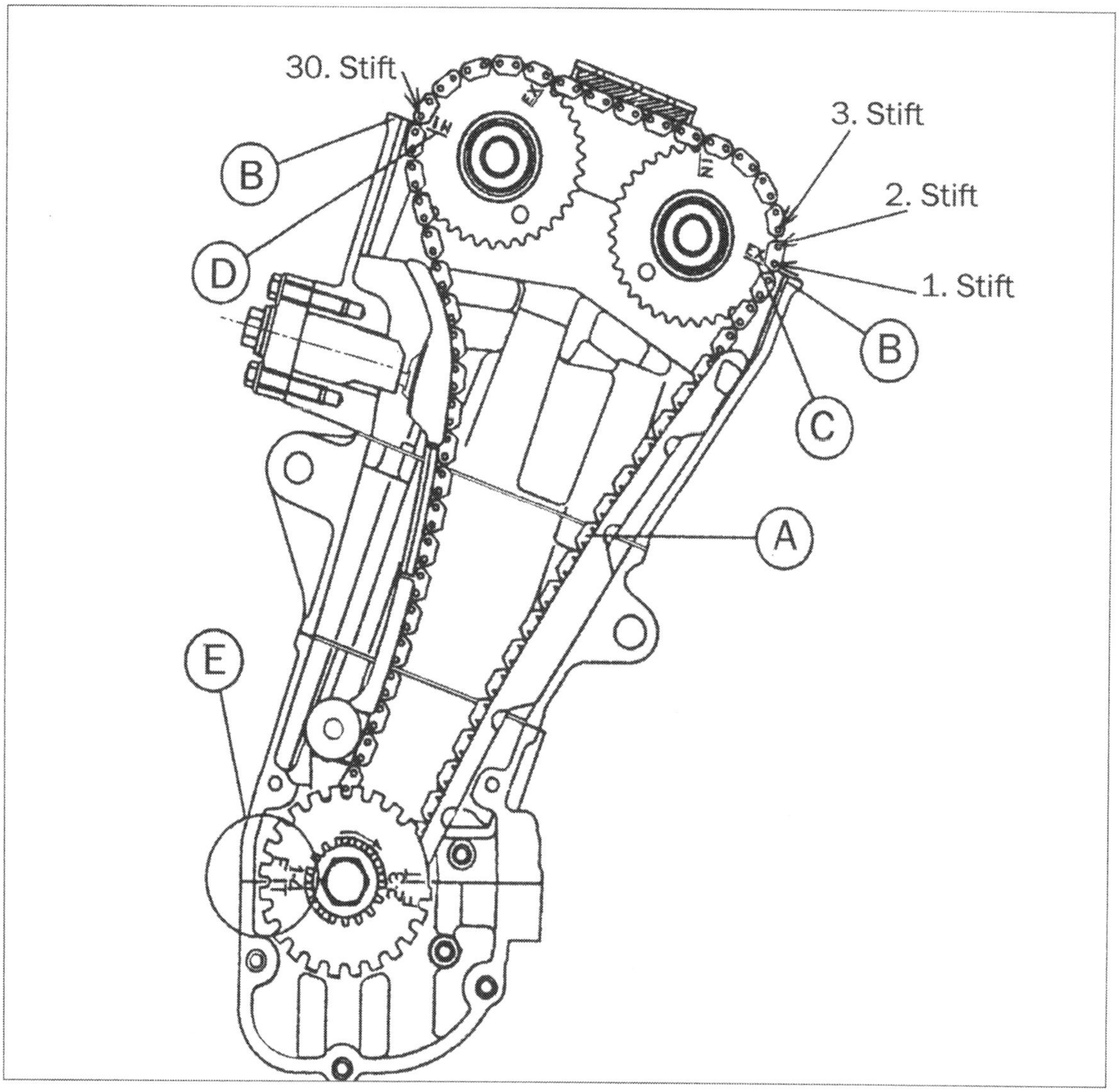

TIPP Fingerzeig
Exakt messen

Beispiel:

Ventilspiel	ist	soll	Differenz	Plättchen alt	Plättchen neu
Einlass 4 A	0.28	0.18	+ 0.10	85	95
Einlass 4 B	0.24	0.18	+ 0.06	90	90 (95 ist nicht nötig, Toleranz!)
Auslass 4 A	0.18	0.25	- 0.07	15	5 (10 geht auch, Toleranz!)
Auslass 4 B	0.31	0.25	+ 0.06	40	40 (45 ist nicht nötig, Toleranz!)

- Sind alle Austauschshims besorgt und mit etwas Fett wieder eingesetzt, werden die Tassenstössel in ihren ursprünglichen Positionen montiert. Nockenwellen wieder einbauen und alle Ventilspiele noch einmal messen. Stimmt es noch nicht überall, wiederholt man den ganzen Vorgang.

- Zusammenbau: (Einbau der Nockenwellen) Die Nockenwellen sind gekennzeichnet mit IN, von Inlet, das bedeutet Einlass, und EX, von Exhaust, das bedeutet Auslass. Kurbelwelle, falls verdreht, wieder in Position OT 1.4 bringen, dabei aufpassen, dass sich die Steuerkette nicht verklemmt (leicht nach oben ziehen). Nun die Auslassnockenwelle so einfädeln, dass die Marke EX am Kettenrad genau zur Stosskante des Zylinderkopfs vorne weist, wobei die Steuerkette vorne straff sein muss. Entsprechend mit der Einlassnockenwelle verfahren, hier muss die Marke IN genau zur Stosskante des Zylinderkopfes hinten weisen. Wenn alle Marken gleichzeitig stimmen (**Bild 29**), kontrollieren wir noch die Anzahl der Kettenbolzen von einer Marke zur anderen. Es müssen genau dreissig sein. Nun wird der Kettenspanner provisorisch eingesetzt, dass die Kette gerade straff sitzt. Nockenwellenlagerdeckel mit Kettenführung aufsetzen, vorher sicherstellen, dass alle O–Ringe und Passhülsen eingesetzt wurden, und festschrauben. Dabei mit stufenweise erhöhtem Drehmoment, von innen nach aussen, kreuzweise, fortschreitend verfahren. Enddrehmoment 12 Nm.

- Steuerkettenspanner einbauen: Sperrklinke 4 (**Bild 30**) eindrücken, Druckstange ganz zurückschieben, Kettenspanner ohne Feder und Abschlussschraube, mit Sperre nach oben, in Zylinderkopf einsetzen und festschrauben (10 Nm). Danach Feder und Unterlegscheibe einsetzen und festziehen. Kurbelwelle zweimal in Fahrtrichtung durchdrehen, dabei auf leises Klicken der Einstellraste achten. Der automatische Kettenspanner stellt sich dabei ein. Nochmals die Flucht sämtlicher Marken (**Bild 29**) und Anzahl der Bolzen zwischen den Marken kontrollieren.

- Steuerdeckel an der Kurbelwelle mit einwandfreier Dichtung aufsetzen und festschrauben (8 Nm) Ventildeckeldichtung auflegen.

TIPP Halbrunde Stellen der Nockenwellenbohrungen an der Dichtfläche (nicht die Nockenwellenlager) dünn mit flüssiger Dichtung einstreichen.

- Passstifte und O–Ringe nicht vergessen (**Bild 30**), Ventildeckel aufsetzen und mit den Gummidichtungen, Metallseite oben, und den Spezialschrauben festschrauben (10 Nm), Prallbleche festschrauben (11 Nm), danach alles wieder einbauen, was abgebaut wurde.

3.8 Kompressionsprüfung

Eine Kompressionsdruckprüfung gibt Aufschluss über den Zustand der Ventile und Kolben. Aussagekräftig ist hier vor allem das Gleichmass der einzelnen gemessenen Werte. Der Absolutwert ist stark abhängig von der Qualität des Messgeräts, von der Starterdrehzahl und von der Leichtgängigkeit der Verga-

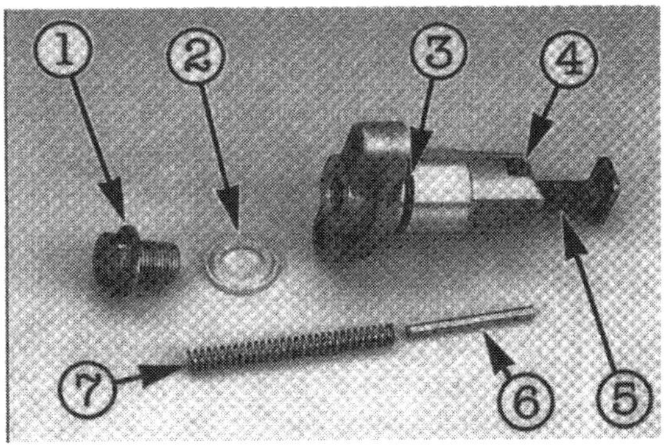

Bild 30
Steuerkettenspanner zerlegt
1 Verschlussschraube
2 Dichtscheibe
3 O-Ring
4 Sperrklinke
5 Druckstange
6 Federschiene
7 Feder

Bild 31
Kompressionsdruckschreiber und -prüfer

Bild 32
Hier die Schläuche des Synchrontesters anbringen

Bild 33
Synchronisierschrauben. Reihenfolge (A), dann (C), am Ende (B).

serschieber. Auch ist zu beachten, dass ein Motor, der längere Zeit gestanden hat, bei mindestens den Zylindern, die mit offenen Ventilen gestanden haben, kaum Kompression anzeigt. Hier sollte man vorher 50 Kilometer fahren.

Durchführung Kompressionsmessung. Voraussetzung: Betriebswarmer Motor, offene Drosselklappen, alle Zündkerzen entfernt:

- Kompressionsdruckprüfer oder -Schreiber (**Bild 31**) zuerst am Kerzenloch von Zylinder 1 festdrücken, falls er über einen Gummikegel verfügt, sonst mit Adapter montieren, und bei Vollgas den Starter betätigen. Es steigt der Kompressionsdruck schrittweise an. Wenn sich keine weitere Steigerung mehr erzielen lässt, Vorgang stoppen und Kompressionsdruck ablesen. Mit den restlichen Zylindern fortfahren. Kawasaki gibt hier ein Toleranzfeld von 910 bis 1400 Kilopascal an, das entspricht 9,1 bis 14 bar.

3.9 Vergaser

Der Vergaser ist, seitdem Motorräder über elektronische Zündung verfügen, das Bauteil, das die meiste Einstellung, Kontrolle und Sorgfalt benötigt.

TIPP Nach der Saison, beim Einmotten der Maschine, Benzinhahn auf OFF stellen und die vier Schwimmerkammern ablassen. Dazu einen Auffangbehälter unter die Ablaufstutzen stellen und den Sprit dann in den Tank giessen.

- Chokezugspiel kontrollieren: 2 bis 3 Millimeter muss sich der Chokehebel frei bewegen lassen, ohne dass der Schieber am Vergaser die Chokekolben betätigt. Falls das nicht zutrifft: einstellen am Chokezug unter dem Tank.
- Gaszugspiel und Leichtgängigkeit kontrollieren: 2 bis 3 Millimeter muss sich der Gasdrehgriff bewegen lassen, ohne dass die Drosselklappe sich rührt. Die Züge müssen leichtgängig sein und aus jeder Stellung zurückschnappen. Die Leerlaufdrehzahl darf bei maximalem Lenkereinschlag links und rechts nicht steigen. Falls die Züge durch Ölen nicht leichtgängig werden, hilft nur der Austausch. Die Spieleinstellung ist in den Gaszügen, sowohl in der Nähe des rechten Standrohrs, als auch unter dem Luftfilterkasten möglich.
- Leerlaufdrehzahl prüfen und einstellen: Nur in betriebswarmem Zustand! Unten links über dem Ritzel an der Rändelschraube auf 1100/Minute ± 50, nach Drehzahlmesseranzeige, einstellen.
- Drosselklappenabgleich (Vergasersynchronisation): Bei betriebswarmem Motor und korrekter Leerlaufdrehzahl! Tank und Luftfiltergehäuse entfernen, Hilfstank anbringen, zum Beispiel eine leere Gabelölflasche mit Benzin füllen und auf die Benzinleitung stöpseln, oder den richtigen Tank vorsichtig etwas höher legen und die Benzinleitung verlängern. Dann ein 4-Uhren-Synchronmessgerät an die vorgesehenen Gewinde im Zylinderkopf anschliessen (**Bild 32**) und den Motor starten. Zuerst werden die zwei linken

Vergaser durch Verdrehen der Synchronschraube A (**Bild 33**) in Einklang gebracht, danach die beiden rechten Vergaser durch Verdrehen der Schraube C, am Ende werden beide Vergaserpaare durch Verdrehen der Schraube B mit einander synchronisiert. Nun wird die Leerlaufdrehzahl noch einmal kontrolliert oder eingestellt.

- Kühlmittelfilter des Vergaserkreislaufs reinigen, Vergaserthermostatventil prüfen: Der Vergaser wird in der Kaltstartphase vom Kühlmittel beheizt, um die Verdunstungskälte des Kraftstoffs auszugleichen. Dieser Zweig des Kühlmittelkreislaufs verfügt über ein Filter und ein eigenes Thermostatventil, das etwa ein mal pro Jahr gereinigt wird. Dazu wird das Kühlmittel abgelassen und der Tank entfernt. Das Filter und der Thermostat können nun ausgebaut werden. Das Filter wird mit Druckluft ausgeblasen und das Thermostatventil wird kontrolliert. Bei Zimmertemperatur muss es Luft durchlassen, sonst muss es ausgetauscht werden. Ab siebzig Grad sollte es schliessen.

3.10 Motoröl und Ölfilter

Ein Schauglas zur Ölstandkontrolle befindet sich hinten unten am Kupplungsdeckel. Das erleichtert die häufige Kontrolle. Fahrzeug senkrecht stellen, Pegel muss zwischen den angedeuteten Strichen sein (**Bild 34**).

- Ölwechsel: Warmer Motor! Geeignetes Auffanggefäss unter die Ölablassschraube in der Nähe des Seitenständers stellen, Öl ablassen, Vorsicht heiss! Gegebenenfalls Filter mitwechseln. Ölablassschraube mit intakter Dichtung wieder festziehen (20 Nm), 3.1 Liter Öl (SAE 20 W 40 oder mehr) API Klasse SE, SF oder SG einfüllen, mit Filterwechsel 3.3 Liter, bei vollständig trockenem Motor 3.8 Liter. Nicht über Maximalmarke füllen! Öl sammeln und zum Ölhändler bringen, er ist zur Rücknahme verpflichtet.
- Ölwechsel mit Filterwechsel: Warmer Motor! Öl ablassen, Verkleidungsunterteil *Kap. 3.2* abschrauben, Ölfilter vorne am Motor mit Kawasaki Spezialwerkzeug Nr. 1249 (**Bild 35**) oder mit Ölfilterband ausbauen, hier ebenso Gefäss unterstellen. Neuen Ölfilter am Dichtgummi mit Öl einstreichen und festschrauben mit 27 Nm, das ist ziemlich fest für das Ölfilterband. Frisches Öl einfüllen, siehe Ölwechsel. Motor starten und in Leerlaufdrehzahl laufen lassen, bis der Ölfilter voll ist.

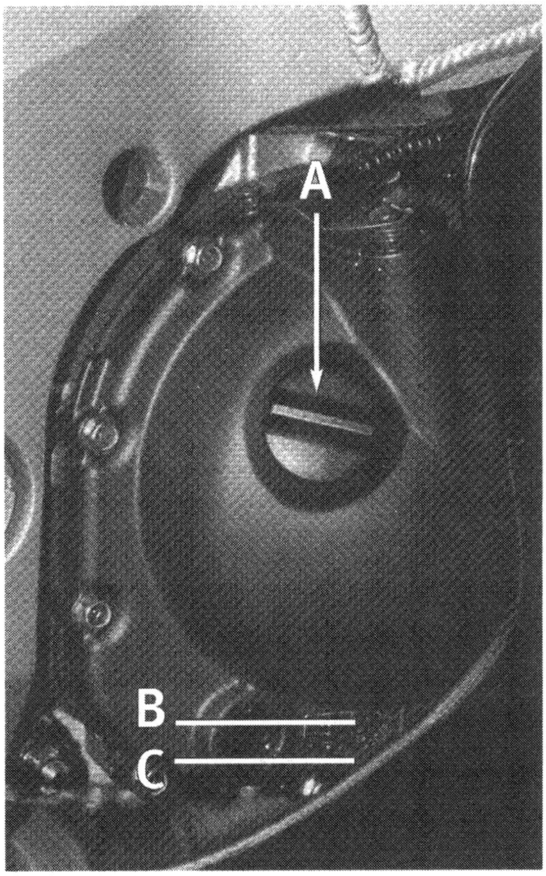

Bild 34
Öleinfüllstutzen und Schauglas
A Einfüllstutzen
B Maximum
C Minimum

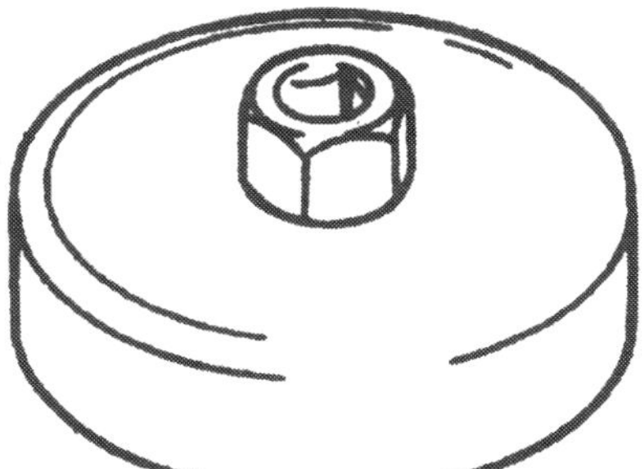

Bild 35
Ölfilterschlüssel Kawasaki 57001-1249

3.11 Bremse

Die Bremsanlage eines Motorrads, insbesondere eines so sportlichen, wie der Kawasaki ZX – 9R Ninja, ist neben dem Fahrwerk, das sicherheitsrelevanteste System des Ganzen. Hier sollte man nur dann selber Hand anlegen, wenn man absolut sicher ist, keinen Fehler zu machen. Anderenfalls sei jedem die Fachwerkstatt empfohlen. Gewerblich, das bedeutet als Auftragsarbeit, darf das aus Versicherungsgründen in Deutschland bislang nur eine Firma machen, bei der ein Motorradmechanikermeister fest angestellt ist oder selber der Inhaber ist.

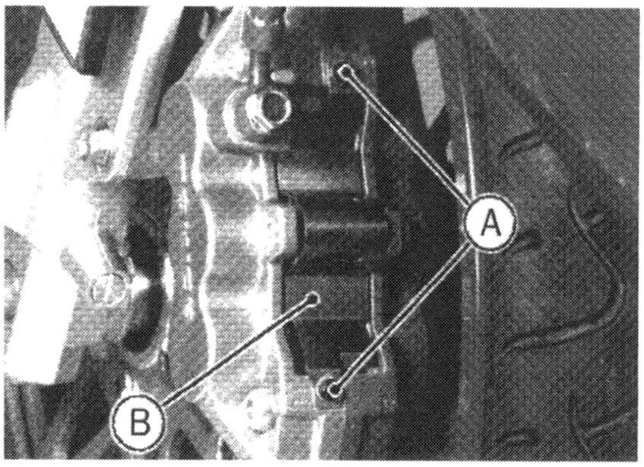

Bild 36
Bremssattelfeder vorne. Schrauben (A) ausdrehen, Feder (B) abnehmen

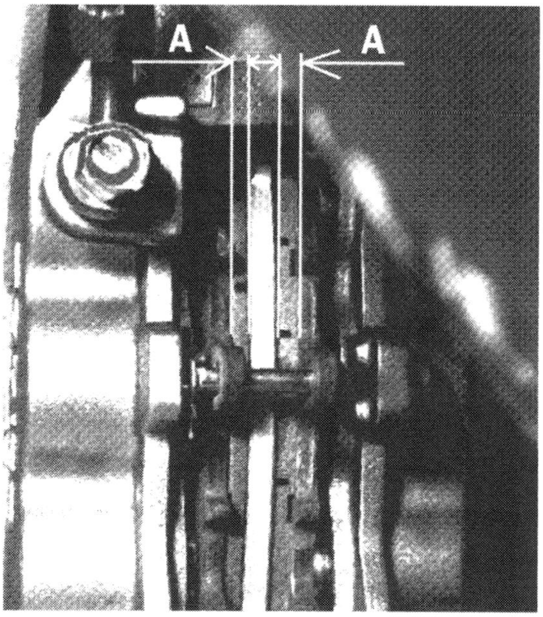

Bild 37
Belagdicke minimal 1 Millimeter

3.11.1 Bremsflüssigkeit

- Bremsflüssigkeit kontrollieren: Vorne und hinten bei waagerechter Maschine im Bremsflüssigkeitsbehälter den Pegelstand und die Farbe der Flüssigkeit kontrollieren.
- Nähert sich der Pegelstand der unteren Marke, zuerst die Bremsbeläge auf Verschleissgrenze hin überprüfen. Sind dieselben verschlissen, werden sie ausgewechselt und der Pegelstand stimmt wieder. Wenn die Beläge noch ausreichend sind, frische DOT 4-Flüssigkeit auffüllen bis zur oberen Marke. Ist die Flüssigkeit braun geworden, muss sie ausgetauscht werden, weil sie zu viel Wasser aufgenommen hat.

⚠ Wasser in der Bremsflüssigkeit ist wegen der Siedegefahr ein ernstes Sicherheitsrisiko.

- Bremsflüssigkeit wechseln: Vorne und hinten in der gleichen Weise. Kunststoffschlauch (gibt es im Aquariengeschäft) über die Entlüftungsventile der Bremssättel stülpen und in Behälter münden lassen. Nun wird das Ventil des linken Sattels etwas geöffnet. Ebenso der Deckel des Vorratsbehälters. Jetzt pumpt man ganz langsam die alte Flüssigkeit heraus, aber ohne Luft anzusaugen. Kurz bevor der Vorratsbehälter ganz leer ist, giesst man frische Flüssigkeit nach, ruhig bis über Maximum. Es wird so lange langsam gepumpt und rechtzeitig nachgefüllt, bis unten am linken Bremssattel frische, farblose Flüssigkeit angekommen ist. Jetzt wird dort, während des Pumpvorgangs, das Ventil geschlossen (7.8 Nm). Nun geht dasselbe am rechten Bremssattel weiter, bis frische, klare Flüssigkeit kommt. Auch dort wird während eines Pumpvorganges geschlossen. Nun sollte sich der Bremshebel wieder hart anfühlen, sonst muss man die Bremsanlage entlüften. Bei der Hinterradbremse verfährt man genau so.

⚠ Keine alte oder unbekannte und unversiegelte Bremsflüssigkeit verwenden. Bremsflüssigkeit ist giftig und löst leicht Lacke aller Art. Falls sie verschüttet wird, sofort mit Lappen abwischen und mit viel Wasser nachspülen.

3.11.2 Bremsbeläge

Regelmässige Belagkontrolle ist wichtig. Erstens wegen der Sicherheit und zweitens ist die teure Bremsscheibe sehr schnell ruiniert, wenn Stahl auf Stahl bremst.

- Belagstärkenkontrolle, vorne: je Sattel zwei Schrauben A (**Bild 36**) ausdrehen und Feder B abnehmen. Nun sieht man die Bremsscheibe in der Mitte, die Belagstärke links und rechts davon, dann die Belagträgerplatten und die sechs Kolben (**Bild 37**). An keiner Stelle darf der Belag dünner als 1 Millimeter sein, sonst sind beide Klötze als Satz auszutauschen.
- Belagstärkenkontrolle, hinten: Beim so genannten Einkolbenschwimmsattel hinten, kann man entlang der Scheibe hineinsehen. Es gilt das Gleiche wie vorne.
- Belagwechsel vorne: Feder B (**Bild 36**) entfernen, Klammer A (**Bild 36**) abziehen und Bolzen B herausziehen. Beläge nach hinten herausnehmen. Nun werden die sechs Kolben einzeln, von Hand, so weit wie möglich zurückgedrückt, dabei auf das Niveau der Bremsflüssigkeit im Vorratsbehälter achten, notfalls etwas absaugen. Die neuen Bremsklötze werden nun eingesetzt und wieder befestigt. Klammer muss ausserhalb der Klötze sitzen. Feder B wieder festschrauben (2.9 Nm). Nun müssen, durch Pumpen mit dem Bremshebel, die Beläge wieder an die Scheibe angelegt werden. Dann die Bremswirkung und die Bremshebelhärte kontrollieren. Stimmt etwas nicht: nicht fahren, erst den Fehler beheben!

⚠ Neue Bremsbeläge müssen sich der Scheibe allmählich anpassen, in dieser Zeit sollte die Bremse nicht zu stark thermisch belastet werden, da der Vorgang durch Verglasung oder Verhärtung der Beläge sonst länger dauert. Je unebener eine Scheibe ist, desto länger dauert diese Anpassung.

- Belagwechsel hinten: Bremssattel an der Befestigung losschrauben, Sattel von Scheibe abnehmen. Klammer A (**Bild 39**) abziehen und Bolzen B herausziehen, Bremsklötze ausfädeln, dabei auf die Lage der Ratterdämpfungsfeder achten. Bremskolben zurückschieben und neue Beläge einsetzen und zusammenbauen. Die Klammer muss ausserhalb der Klötze liegen.
- Bremssattel wieder festschrauben (25 Nm) und Beläge durch Pumpen anlegen, Druckpunkt am Fussbremshebel kontrollieren, Bremswirkung kontrollieren.

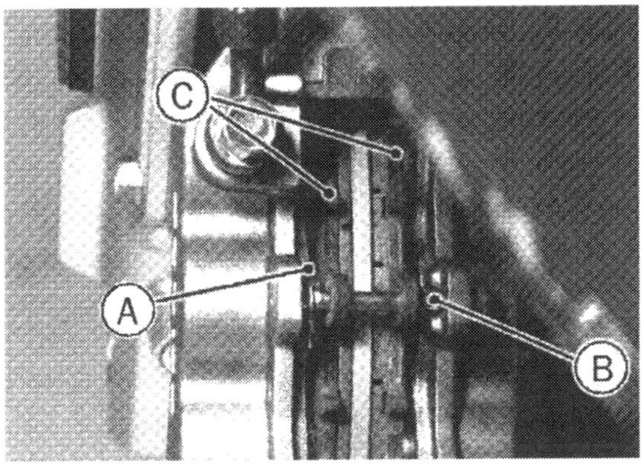

Bild 38
Klammer (A) entfernen, Bolzen (B) herausziehen

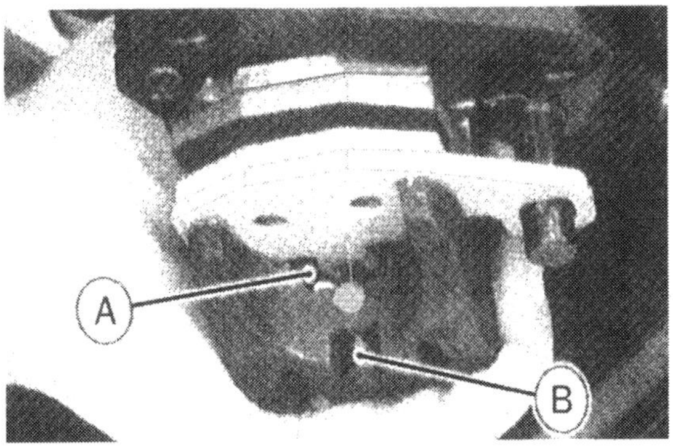

Bild 39
Bremssattel hinten von unten. Klammer (A) entfernen, Bolzen (B) herausziehen.

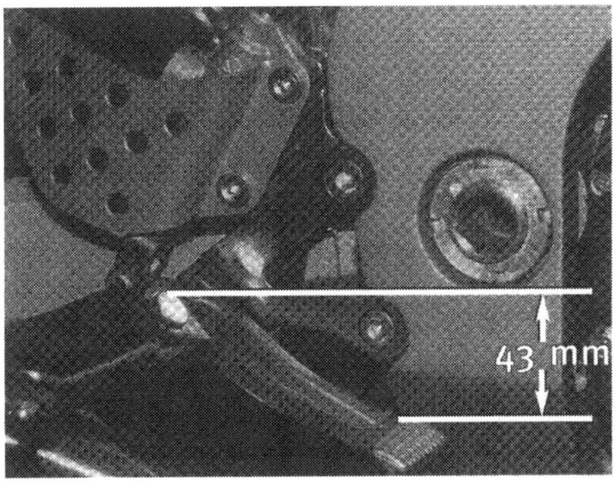

Bild 40
Fussbremspedal, Grundeinstellung 43 Millimeter

3.11.3 Pedallage

- Lage des Fussbremshebels einstellen: Für normallange Beine stimmen die 43 Millimeter Grundeinstellung ganz hervorragend (**Bild 40**). Bei Bedarf kann man die Position individuell anpassen (**Bild 41**). Kontermutter A lösen und Spindel bei B höher oder tiefer stellen. Mutter mit 18 Nm festziehen.

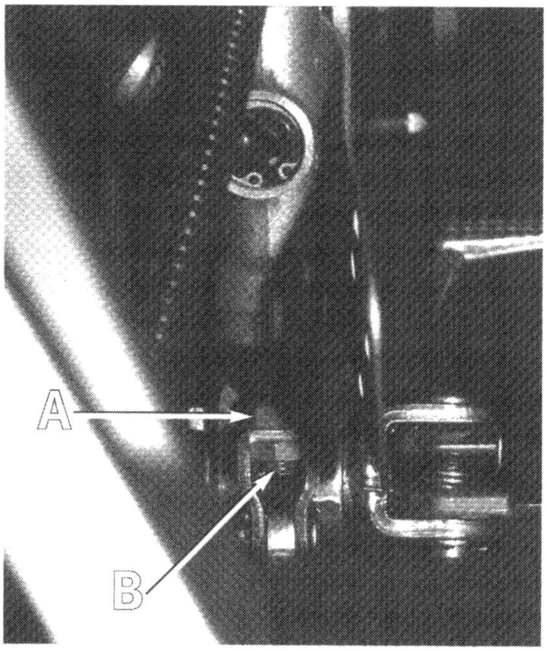

Bild 41
Fussbremszylinder von hinten. Kontermutter (A) lösen, Spindel (B) verstellen.

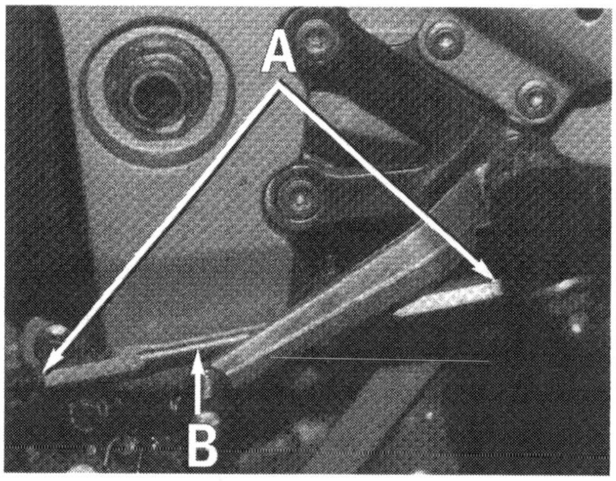

Bild 42
Muttern (A) lösen (eine davon hat Linksgewinde) und Stange (B) zur Einstellung verdrehen

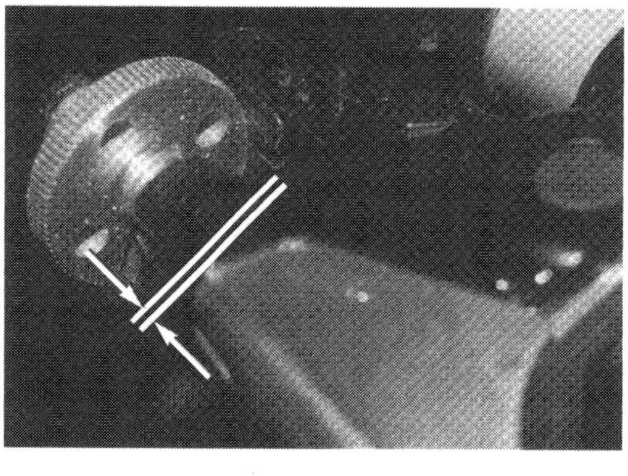

Bild 43
Kupplungshebelspiel einstellen.
Mass = 2 bis 3 Millimeter.

- Lage des Schalthebels einstellen: Auch hier ist eine individuelle Einstellung möglich: Die Länge der Betätigungsstange ist variabel. Kontermuttern lösen, Vorsicht: getriebeseitig ist ein Linksgewinde, und die Stange auf- oder zudrehen (**Bild 42**), Mutter wieder festziehen (8 Nm)

3.11.4 Handhebellage

- Handbremshebellage verstellen: Je nach Fingerlänge und Geschmack lässt sich der Handbremshebel in 5 Stufen optimal anpassen.
- Kupplungshebellage verstellen: Aus Gewichtsgründen ist hier bei manchen Modellen auf einen verstellbaren Hebel verzichtet worden. Natürlich kann man einen verstellbaren Hebel nachrüsten, es ist aber auch möglich, den Arbeitspunkt des Kupplungshebels nach Bedarf zu versetzen. *Siehe unter 3.12.*

3.12 Kupplung

Seilzugspiel kontrollieren und einstellen:

- Den Hebel um die freie Betätigungsmöglichkeit ziehen, also bis die schwerere Betätigungskraft einsetzt, und den freien Spalt am Hebelstoss messen (**Bild 43**). Kawasaki schreibt 2 bis 3 Millimeter vor. Stimmt es nicht, Rändelkontermutter lösen und einstellen. Falls der Bereich nicht ausreicht, kann unten am Motorkupplungsdeckel unter der Staubkappe am anderen Ende des Kupplungszugs ein grösserer Bereich verstellt werden.

Arbeitspunkt des Ausrückhebels kontrollieren:

- Kupplungshebel ziehen, bis die Betätigungskraft einsetzt. Nun den Winkel am Ausrückhebel bezogen zur Seilachse messen. Es sollen 60 Grad sein (**Bild 44**). Zieht man nun weiter, erreicht der Ausrückhebel die 90 Grad im Moment der grössten Hebelkraft, was physikalisch ideal ist. Ist die Betätigung schon soweit verschlissen, dass der Ausrückhebel bei 75 Grad beginnt und weit über 90 Grad hinaus kommt, wird die Kupplungsdosierbarkeit teigig und die Hebelkraft unangenehm hoch. Es hilft nur der Austausch des Ausrückhebels: Kupplungszug aushängen, Hebel gegen Uhrzeigersinn drehen und herausziehen, neuen Hebel, leicht gefettet ebenso montieren.

Kupplungszug wechseln:

- Verkleidungsteil unten rechts abbauen.

Genaue Führung des alten Zuges beachten, alle Verstellmöglichkeiten auf maximales Spiel einstellen, dabei die Schlitze der Verstellschrauben und des Kupplungshebelgelenkes in Übereinstimmung bringen und den Zug aushängen. Neuen Zug an den Nippeln fetten und wie den alten führen und montieren. Danach Spiel einstellen und Funktion prüfen.

3.13 Antriebskette

⚠ Die Antriebskette ist, wenn sie bei hoher Geschwindigkeit reisst, ein mitunter tödliches Geschoss. Durch die immensen Zentripetalkraft, die erforderlich ist, um die Kette bei hoher Geschwindigkeit um das kleine, vordere Ritzel zu führen, ist sie extrem hoch belastet. Wenn sie reisst, dann vorne. Niemand will so etwas, also muss die Kette gut gepflegt und rechtzeitig ausgetauscht werden. Auch die Einstellung der korrekten Durchhangs ist wichtig, siehe unten.

Kettenpflege:

■ Kette regelmässig reinigen und schmieren. Mit Kettenspray geht das besonders einfach. In möglichst warmem Zustand der Kette dieselbe besprühen. Am besten mit einem Assistenten, der die Maschine leicht über den Seitenständer hebt, damit das Hinterrad frei dreht, Motor starten und im ersten Gang bei Leerlaufdrehzahl die Kette in Ruhe besprühen (Kupplung dabei leicht gezogen halten, sonst geht der Motor wegen der Seitenständerlogik aus). Mit dem Losfahren sollte man warten, bis das Lösungsmittel verdunstet ist, das dauert etwa 30 Minuten.

Kettendurchhang kontrollieren:

Unbelastet, im Leerlauf, auf dem Seitenständer stehend, muss der Durchhang an der straffsten Stelle mindestens 20 Millimeter betragen. Kawasaki gibt 20 bis 35 Millimeter als normal an und toleriert bis 40 Millimeter.

⚠ Der Durchhang einer Motorradkette ist immens wichtig, denn erst wenn das Motorrad einfedert, wird die Kette richtig gespannt. Der Abstand zwischen Ritzel und Kettenrad verändert sich beim Einfedern beträchtlich. Er ist am grössten, wenn Ritzelachse, Schwingenachse und Kettenradachse auf eine Linie fallen (**Bild 45**). In dieser Stellung braucht die Kette noch minimales Spiel. Verzichtet man auf den Durchhang, längt sich die Kette oder verbiegt sich die Getriebeausgangswelle. Ausserdem verschleissen Kettenrad- und Getriebelager.

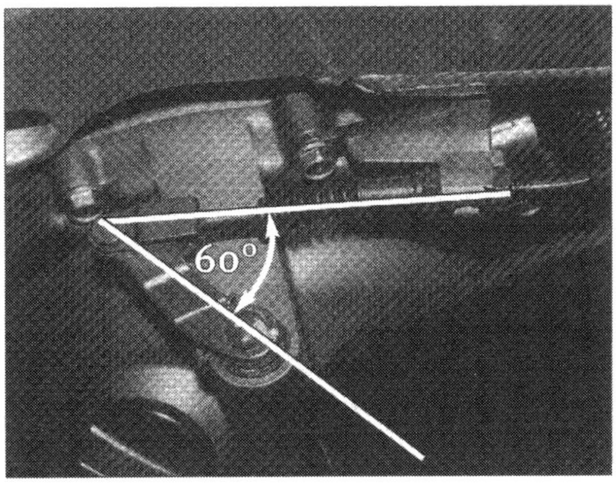

Bild 44
Kupplungsausrückhebel. Ideal ist hier ein Winkel von 60 Grad.

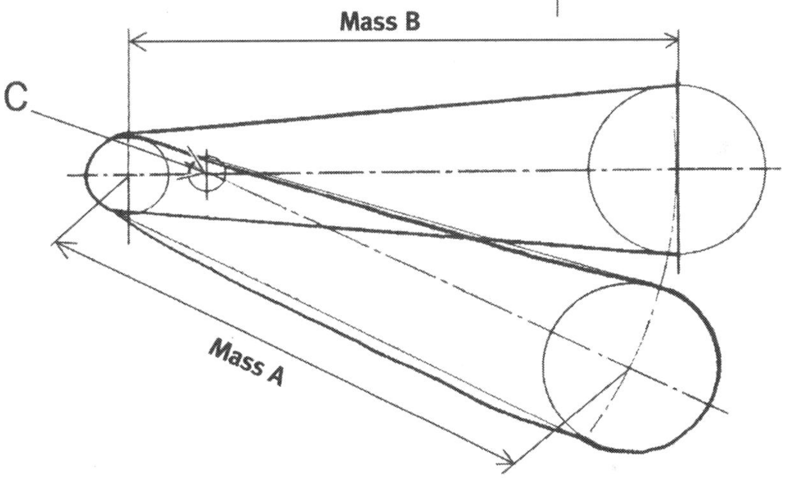

Bild 45
Kettendurchhang. Das Mass (A) verlängert sich beim Einfedern auf das Mass (B), weil sich die Schwinge um das Schwingenlager (C) dreht.

Kettendurchhang einstellen:

■ Hinterradachsmutter lösen, beidseitig Kontermuttern A lösen und Achse parallel verschieben mit Schrauben B. Bei beiden Seiten die gleiche Anzahl von 60-Grad-Schritten drehen, bis der Durchhang stimmt (im Zweifel lieber etwas mehr). Während des anschliessenden Wiederanziehens der Achsmutter beide Kettenstränge mit der Hand fest zusammendrücken, damit die Achse gut an den Kettenspannern anliegt. Achsmutter auf 125 Nm festziehen, dann noch bis zum nächsten Loch weiterdrehen und Splint, mit der Öse nach vorne, montieren. Nun die Radflucht

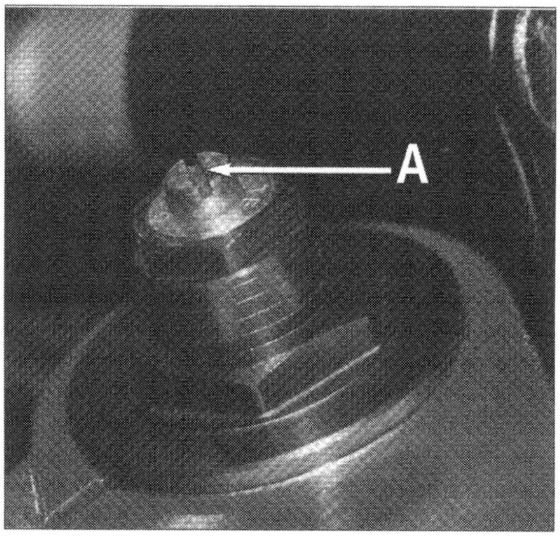

Bild 46
Zugstufendämpfungseinstellung vorne, 12 „Klicks" insgesamt, im Uhrzeigersinn härter
A Einsteller

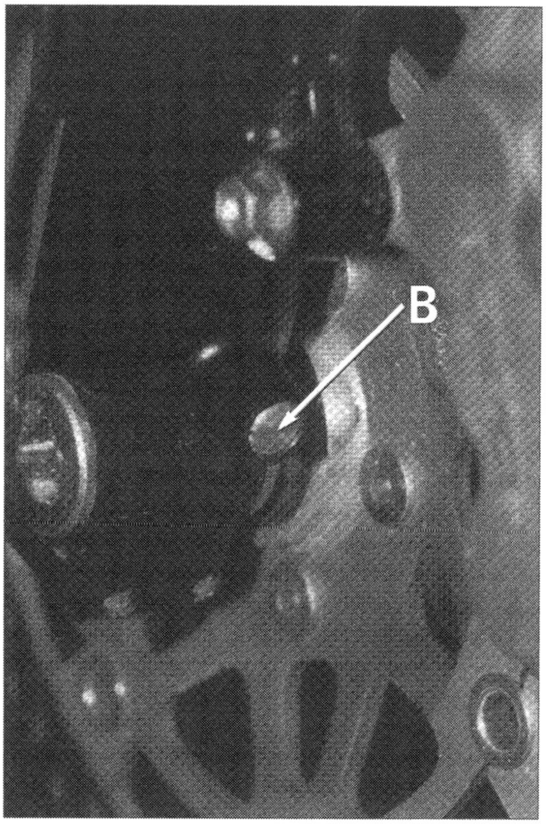

Bild 47
Druckstufendämpfungseinstellung vorne, 12 „Klicks" insgesamt, im Uhrzeigersinn härter
B Einsteller

mit Faden oder Lineal kontrollieren. Anschliessend Maschine mit zwei Personen belasten und minimales Kettenspiel in jeder Position sicherstellen.

Kette auf Verschleiss prüfen:

Kettenschutz abbauen, Kette mit Gewicht oder Gummistrippen in der Mitte des Durchhangs mit etwa 10 kg spannen. Mit dem Meterstab misst man nun von der Mitte des ersten Bolzens eines beliebigen ersten Gliedes bis zur Mitte des ersten Bolzens des 21. Gliedes in Folge. Hat man mehr als 323 Millimeter wird die Kette komplett mit den Kettenrädern getauscht. Vorgeschriebene Kette: ENUMA EK525UVX, endlos, mit 110 Gliedern, oder ähnliche Qualität. Siehe Ausbau der Schwinge *Kapitel 18.1.*

⚠ Trennbare Ketten, mit Niet- oder früher mit Schraubkettenschloss werden immer wieder verwendet. Das spart zwar den Schwingenausbau, wird aber von Kawasaki nicht empfohlen. Bei den trennbaren Ketten besteht sowohl das Restrisiko, dass das Schloss aufgeht, als auch, dass eine Unwucht Unruhe ins Fahrwerk bringt oder den Verschleiss erhöht.

3.14 Federung

3.14.1 Vorderradgabel

Die Gabel der ZX-9R ist ein besonders gelungenes Stück Technik. Wieder als herkömmliche Konstruktion ausgeführt, ist sie leichter und steifer als eine Upside-Down-Gabel. Sie ist in allen Arbeitsgrössen verstell- und anpassbar.

- Zugstufendämpfung: Die Zugstufendämpfung ist die klassische und wichtigste Dämpfungsmethode. Sie absorbiert Energie beim Ausfedern und dämpft damit die Schwingbewegung in komfortabler Weise. Dabei muss das Gabelöl durch eine kleine Ölbohrung gedrückt werden. Der Querschnitt dieser Bohrung wird durch eine konische Düsennadel reguliert, die – je nach Einstellung – mehr oder weniger tief in die Bohrung ragt. Diese Nadel ist am Einsteller A (**Bild 46**) in zwölf „Klicks" einstellbar. Stufe eins ist fast ganz geschlossen und dämpft maximal. Dazu oben am Standrohr Einsteller A ganz im Uhrzeigersinn hineindrehen (ohne Gewalt) und aufdrehen bis zum ersten „Klick". Die Grundeinstellung ist Stufe 8 und entspricht einer Belastung mit einem 68-kg-Fahrer, solo.

TIPP Empfohlene Einstellung der Dämpfung:
Je schwerer die Zuladung, je schlechter die Strasse, je schneller die Geschwindigkeit, desto stärker soll die Dämpfung eingestellt werden.

(„Klick“ 1 = stark, „Klick“ 12 = schwach)

⚠ Wichtig: beide Federbeine immer gleich einstellen!

- Dasselbe gilt analog für die Druckstufendämpfung. Die Druckstufendämpfung verzehrt Energie beim Einfedern. Das ist nicht so komfortabel, denn dadurch spürt man die Unebenheiten der Strasse deutlich mehr. Wie oben wird hier der Öldurchfluss durch eine Bohrung von einer konischen Nadel gedrosselt. Auch hier gibt es zwölf „Klicks“. „Klick“ 8 ist die Grundeinstellung und entspricht dem 68-kg-Solofahrer. Stufe eins entspricht im Uhrzeigersinn ganz geschlossen, dann einen „Klick“ öffnen. Die Verstellschraube B (**Bild 47**) liegt hinten unten am Tauchrohr.
- Federvorspannung: die Federvorspannungsmöglichkeit soll die Gesamtmasse des Fahrzeugs mit Fahrern und eventuellem Gepäck im Idealniveau halten. Das bedeutet, dass eventuelle Zuladung mit der Federvorspannung so ausgeglichen werden kann, dass negativer und positiver Federweg nicht eingeschränkt werden und das Fahrzeug trotz Beladung dasselbe Niveau halten kann. Verstellbereich: 5 bis 20 Millimeter (Mass A, **Bild 48**) verstellbar am Sechskant C. Grundeinstellung (68-kg-Solofahrer) 13 Millimeter, 5 Millimeter = hart, 20 Millimeter = weich. Wichtig: beide Federbeine gleich einstellen!

3.14.2 Hinterradfederung

- Zugstufenverstellung: Wie vorne bei der Gabel ist die Grundeinstellung für den 68-kg-Solojapaner „Klick“ Nr. 8. Hier gibt es insgesamt 18 „Klicks“ und wie gehabt wird die Dämpfung im Uhrzeigersinn stärker (Einsteller A, **Bild 49**).
- Druckstufenverstellung: hier sind sogar 20 Stufen einstellbar, analog zur Zugstufe. Hier ist die 68-kg-Solofahrergrundeinstellung „Klick“ 10 (Einsteller B, **Bild 50**).
- Federvorspannung: Standard hier für den 68-kg-Solofahrer ist eine Federlänge, gemessen zwischen den Federtellern: 178,5 Millimeter, nutzbarer Bereich 168 bis 188 Millimeter. Je enger man die Feder einklemmt, je härter wird das Federbein und je mehr kommt die Maschine bei der

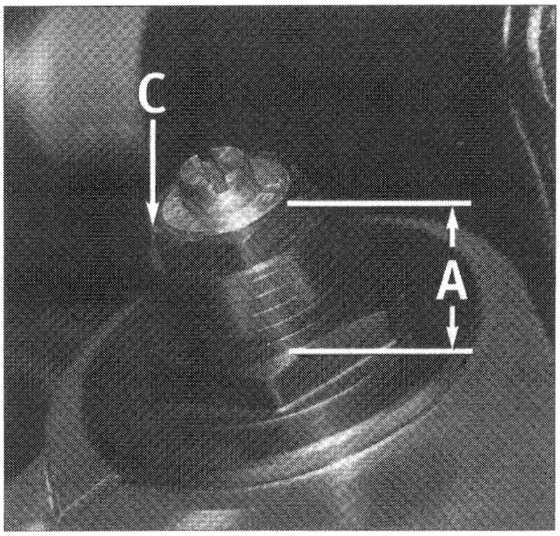

Bild 48
Federvorspannungseinstellung vorne. Nutzbarer Bereich A: 5 bis 20 Millimeter.
A Mass 5 bis 20 mm
C Einsteller

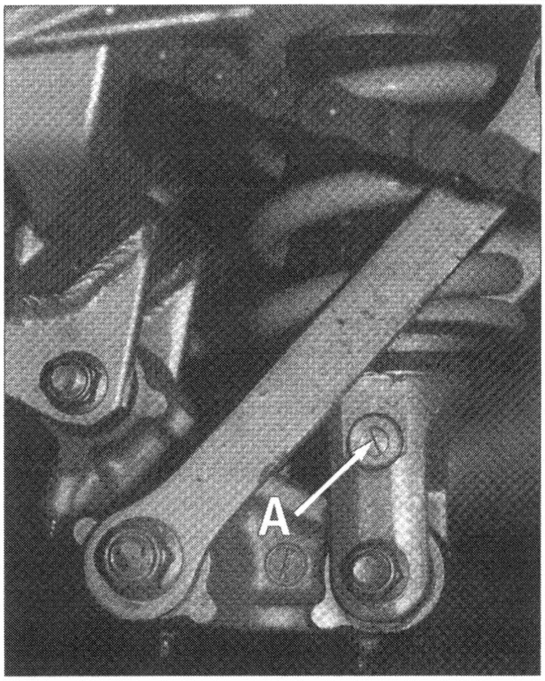

Bild 49
Zugstufendämpfungseinstellung hinten. 18 „Klicks“ insgesamt, im Uhrzeigersinn härter.
A Einsteller

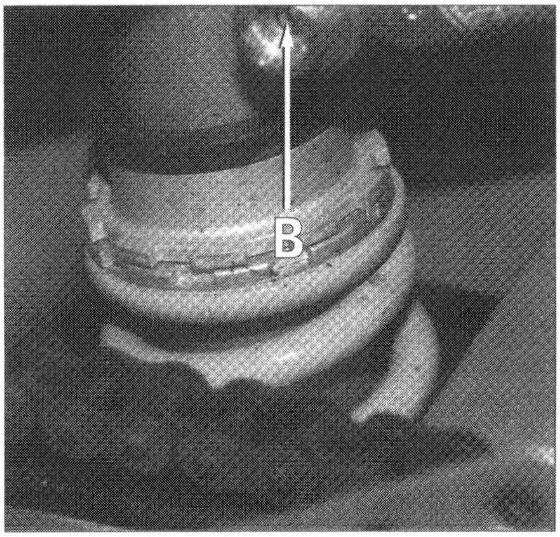

Bild 50
Druckstufendämpfungseinstellung hinten. 20 „Klicks“ insgesamt, im Uhrzeigersinn härter.
B Einsteller

Bild 51
Federlänge einstellbar von 168 bis 188 Millimeter
C Kontermutter
D Verstellmutter

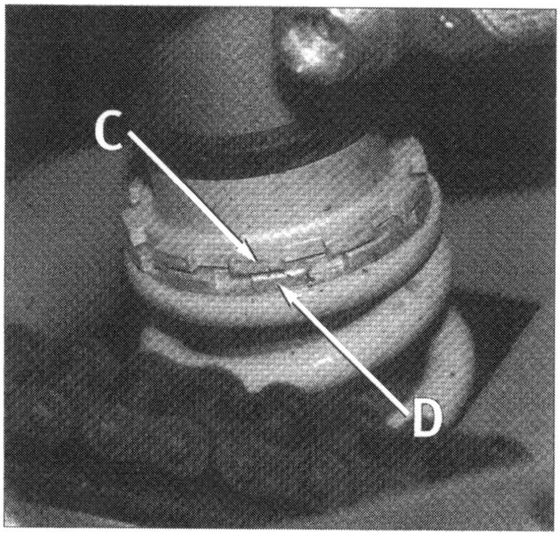

Bild 52
Prüfung Lenkkopflager

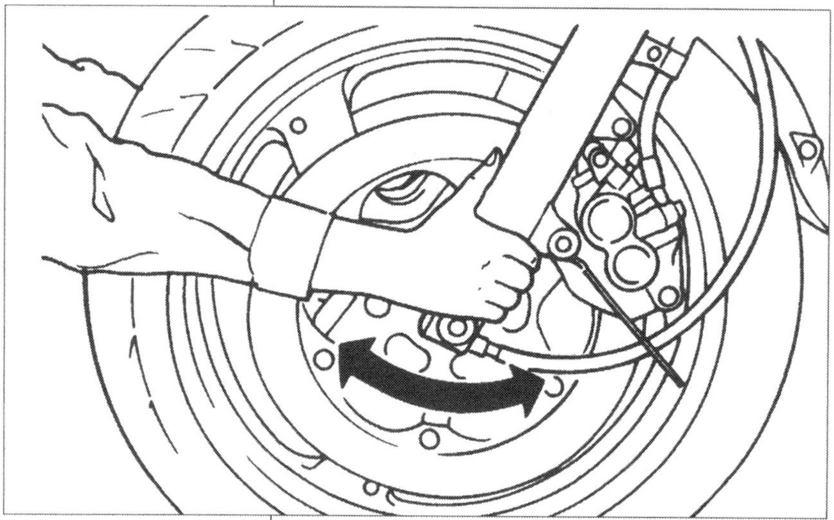

Bild 53
Lenkkopflager nachstellen. Nutmutter etwa 1/12-Umdrehung fester drehen.

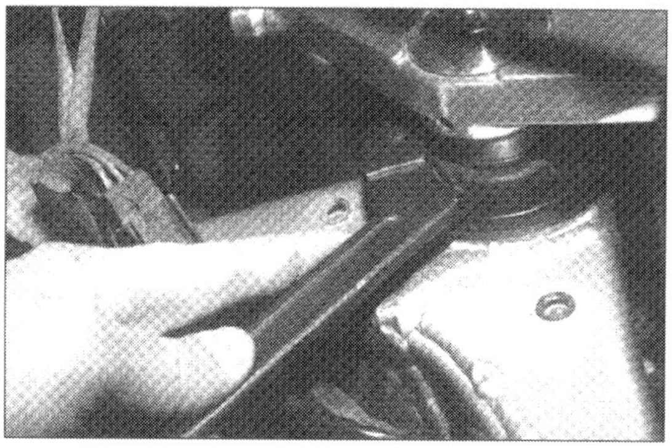

selben Belastung hinten hoch. Zum Verstellen empfiehlt Kawasaki den Ausbau, es geht aber auch ohne: (**Bild 51**) mit dem Hakenschlüssel erst die Kontermutter C lösen, dann mit Verstellmutter D gewünschte Federlänge einstellen.

3.15 Lenkkopflager

- Zu locker eingestelltes Lenkkopflager knackt beim Bremsen, zu fest eingestelltes Lager führt zu leichtem Pendeln bei ganz langsamer Fahrt. Ein verschlissenes Lager rastet in Richtung geradeaus fühlbar ein. Es muss ausgetauscht werden.
- Lenkkopflager prüfen: Maschine so aufbocken, dass das Vorderrad leicht beweglich und frei in der Luft ist. Dazu ein steifes Brett unter die Krümmer legen und mit Scherenwagenheber eine sichere 3-Punkt-Lage herbeiführen (Hinterrad, Seitenständer und Wagenheber). An den Tauchrohren unten in Fahrtrichtung hin und her drücken, dabei fühlen, ob Spiel vorhanden ist (**Bild 52**). Falls nicht, den Lenker links und rechts einschlagen und fühlen, ob eine Raste oder ein gleichmässiger Widerstand zu merken ist. Wenn das auch nicht der Fall ist, sind die Lager in Ordnung.
- Lenkkopflager nachstellen: Tank abbauen, *siehe Kapitel 3.2*. Klemmbolzen der unteren Gabelbrücke lösen, zentrale Lenkkopfmutter lösen und mit Hakenschlüssel (notfalls der vom Bordwerkzeug) die sichtbare Nutmutter unter der oberen Gabelbrücke (**Bild 53**) etwa 1/12 Umdrehung festziehen. Danach alles wieder festschrauben, Klemmbolzen der Gabelbrücke 20 Nm, Zentralmutter 49 Nm, und Lenkkopflager wie oben prüfen. Gegebenenfalls wiederholen oder wieder etwas lösen.

3.16 Batterie

Die eingebaute Starterbatterie ist wartungsfrei. Das bedeutet, der Füllstand muss und kann nicht kontrolliert oder nachgefüllt werden. Auch müssen und können beim Laden keine Stopfen entfernt werden.
Die Batterie sollte nur dann geladen werden, wenn sie mindestens 50% entladen ist. Zum Beispiel durch langes Stehen (ab 3 Monate), oder wenn vergessen wurde, das Licht auszuschalten. Mindestens halb leer ist die Batterie, wenn sie zwischen den Polen 12.4 Volt oder weniger hat (Messen mit Digitalmultimeter, Messbereich 20 Volt, DC).

Ladeempfehlung des Herstellers:
Normalladung : 5 bis 10 Stunden mit 0.9 Ampere
Schnellladung : 1 Stunde mit 4 Ampere

Ladeempfehlung des Autors:
Konstantspannungsladung mit 13.8 Volt, zwei Stunden

- (Mit regelbarer Gleichstromquelle, die Spannung auf 13.8 Volt einstellen und den Strom auf maximal 4.5 Ampere begrenzen. Nun die Batterie anklemmen: Plus an Plus, Minus an Minus. Anfangs zieht die Batterie viel Strom und gegen Ende der Ladung immer weniger. Diese Ladung kann jederzeit unterbrochen werden).

⚠ Vorsicht: Spannung am Gerät nicht unter Batteriespannung einstellen, oder Gerät mit angeschlossener Batterie abschalten. Das könnte zur Zerstörung des Geräts führen

⚠ Batterien entwickeln beim Laden und Entladen Knallgas. Knallgas ist explosiv! Falls die Batterie explodiert: Spritzer der Schwefelsäure sofort mit viel Wasser aus den Augen waschen, ebenso von Gesicht, Haut und Haaren. Kleider sofort in viel Wasser einweichen, Waschpulver dazugeben.

⚠ Die Schwefelsäure in der Batterie ist nicht sehr stark konzentriert, sie konzentriert sich aber an der Luft durch Verdunstung des Wassers bis auf 63% und wird damit sehr aggressiv. Die Batteriesäure ist durch das gelöste Blei hoch giftig!

- Batterie kontrollieren: Nimmt die Batterie beim Laden keinen oder nur ganz wenig Strom an, ist sie am Ende und muss durch eine neue desselben Typs ersetzt werden. Dasselbe gilt, wenn sie nach dem Laden nicht in der Lage ist, den Anlasser richtig durchzudrehen, natürlich vorausgesetzt, der Anlasser arbeitet korrekt. Die Kontakte sind auf Korrosionsspuren zu untersuchen, gegebenenfalls reinigen, mit Polfett (säurefreie Vaseline) einschmieren und gut festziehen.

3.17 Scheinwerfer

- Scheinwerfereinstellung kontrollieren: Einstellung bei korrektem Reifendruck, aktueller Belastung und Federvorspannung des Fahrzeugs vornehmen. Auf der Ebene eine 5 Meter entfernte Wand im rechten Winkel mit Abblendlicht anleuchten. Auf diese Entfernung muss die Hell/Dunkelgrenze 5 Zentimeter tiefer liegen als die aktuelle Scheinwerferhöhe am Motorrad misst. Etwas rechts davon steigt der Lichtschein des asymmetrischen Abblendlichts 5 Zentimeter an, um dann bald wieder abzufallen. Der Punkt, an dem dieser Anstieg beginnt, muss genau in der Verlängerung der Fahrzeugachse sein (**Bild 54**).

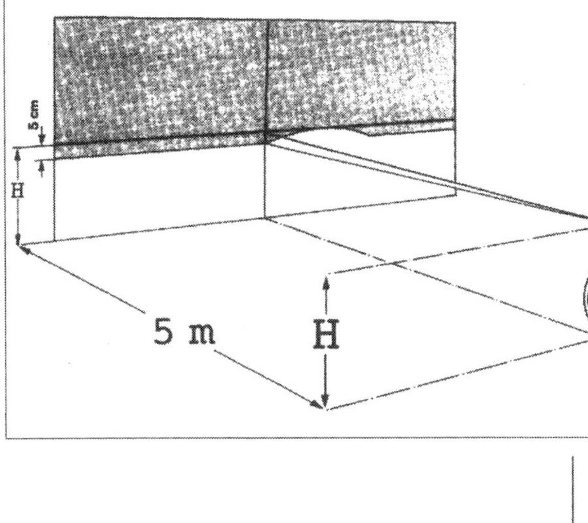

Bild 54
Scheinwerfer einstellen

- Scheinwerfer einstellen: Das ist schnell und ohne Werkzeug möglich. Handversteller A für horizontale und B für vertikale Verstellung (**Bild 55**).
- H4-Birne austauschen: Steckverbinder abziehen, Gummistaubkappe abnehmen und Feder entriegeln. Neue Birne nicht am Glaskolben berühren, sonst muss sie mit Alkohol gereinigt werden, und in Nuten einsetzen. Feder und Staubkappe wieder wie ursprünglich montieren.

3.18 Sicherungen

- Sicherungen überprüfen: Sitzbänke abbauen, Sicherungsdeckel (Fuse) vom Verteilerkasten „Junction Box“ abnehmen und betreffende Sicherung mit den Fingern herausziehen. Von der Seite ist zu erkennen, ob sie durchgebrannt ist. Ist das der Fall, 10-Ampere-Reservesicherung aus dem Fach „Spare“ entnehmen und mit sauberem Kontakt an die alte Stelle setzen.

Bild 55
Einstellräder des Scheinwerfers. Horizontalverstellung (A), die Vertikalverstellung befindet sich diagonal gegenüber.

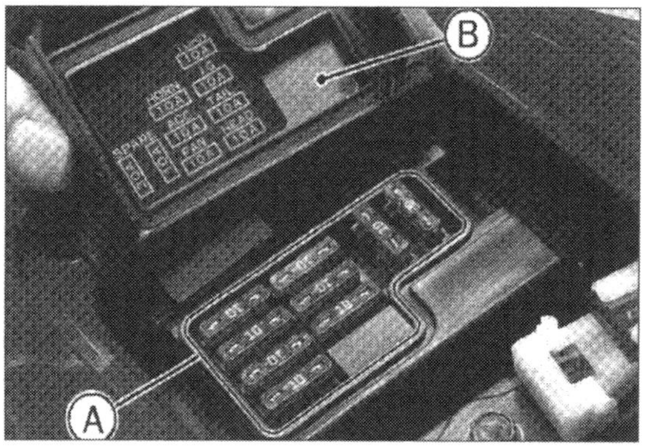

Bild 56
Verteilerkasten, Reservesicherungen

Übersetzung der Sicherungskreisbezeichnungen:

Horn fuse	=	Hupensicherung	10 A
Ignition	=	Zündung	10 A
Taillight	=	Rücklicht	10 A
Turn Signal Relay	=	Blinkrelais	10 A
Headlight	=	Hauptscheinwerfer	10 A
Fan	=	Ventilator	10 A
Accessory Circuit	=	Zubehörstromkreis	10 A

⚠ Im Fach „Spare“ steckt eine 30-Ampere-Sicherung, die nur als Ersatz für die Hauptsicherung im Startrelais gedacht ist. Um keinen Kabelbrand zu riskieren, darf sie nicht in die normalen Steckplätze gesetzt werden.

- Hauptsicherung: Sie befindet sich im Startrelais unter der Gummiabdeckung, **Bild 57**.

3.19 Seitenständer

Der Seitenständer klappt beim Entlasten nicht automatisch ein. Das ist sehr komfortabel, aber gefährlich, wenn vergessen wird, ihn vor dem Losfahren einzuklappen. Kawasaki baut deshalb eine Logikschaltung in Verbindung mit dem Kupplungshebel ein. Sie unterbricht die Zündung, falls mit ausgeklapptem Seitenständer losgefahren wird.

- Seitenständerlogik testen: Mit ausgeklapptem Seitenständer vorsichtig probieren loszufahren. Der Motor muss absterben, sobald der Kupplungshebel in die Nähe der Normalposition kommt. Geht der Motor nicht aus, ist einer der beiden Schalter am Ständer oder am Kupplungshebel defekt oder manipuliert, oder die Zündbox ist defekt: nicht weiterfahren, *siehe Kapitel 7 Zündsystem.*
- Seitenständer schmieren: Das Gelenk nach Reinigung mit Kettenspray schmieren. Logikschalter mit Kontakt – oder Kriechöl gangbar halten.

TIPP Fingerzeig
Exakt messen

3.20 Muttern und Schrauben

Der Wartungsplan sieht vor, alle Befestigungen mit Muttern und Schrauben nach den ersten 1000 km und danach alle 12 000 Kilometer zu kontrollieren. Besonders gilt das für alle Auspuffschrauben und für die des Fahrwerks. Hierbei ist wichtig, nur das vorgeschriebene Drehmoment anzulegen, möglichst ohne die Mutter oder Schraube weiterzudrehen. Die Gewinde der Krümmerbefestigungsmuttern und Stehbolzen sollten ab und zu mit Kupferpaste behandelt werden.

3.21 Reifen

Die Reifen sind im Normalfall der einzige Kontakt zur Strasse. Platzt ein solcher bei hoher Geschwindigkeit, kann sich jeder Fahrer ausmalen, was passiert.

TIPP Reifen daher regelmässig auf Risse, eingefangene Nägel oder Schrauben, und Profilabplatzungen kontrollieren. Profiltiefe rings herum auf Mindestmass kontrollieren. Reifen nicht unverändert länger als 2 Wochen in der Sonne stehen lassen, denn Ultraviolettstrahlung zerstört sonst einseitig die Weichmacher im Gummi. Im Winterlager Reifendruck optimal einstellen und Maschine aufbocken, sodass kein Reifen Kontakt zum Boden hat.

- Kawasaki Deutschland empfiehlt die Mindestprofiltiefe von 3 Millimetern und einen Reifendruck, kalter Reifen, bis zum Gesamtgewicht von 363 Kilogramm:

vorne	2.5 bar (kp/cm² oder 250 Kilopascal)
hinten	2.9 bar (kp/cm² oder 290 Kilopascal)

3.22 Katalysatoren/Sekundärluftsystem/Benzinabsperrventil

3.22.1 Katalysatoren

Die beiden Katalysatoren der ZX-9R Ninja sind zwar wartungsfrei, aber es muss sichergestellt werden, dass niemals Kraftstoff mit Bleizusatz getankt wird. Das wäre nämlich das Ende der Katalysatoren und somit das Ende der gesamten Auspuffanlage. Die Katalysatoren sind nicht austauschbar. Der Vorkatalysator ist im Sammlerrohr eingeschweisst und der Hauptkatalysator im Endtopf. Die Katalysatoren brauchen zwei andere Systeme, um richtig zu arbeiten: das Sekundärluftsystem und die vier Benzinabsperrventile in den Vergasern.
Das Sekundärluftsystem, das bei Last zusätzlich Frischluft in die Auslasskanäle führt, liefert zusätzlichen Sauerstoff für die Katalyse. Die Benzinabsperrventile, die im Falle einer Zündunterbrechung, zum Beispiel bei betätigtem Not–Off Schalter oder beim Einsetzen des automatischen Drehzahlbegrenzers, sofort die Benzinzufuhr sperren, um den Kat nicht durch unverbranntes Benzin zu überhitzen.

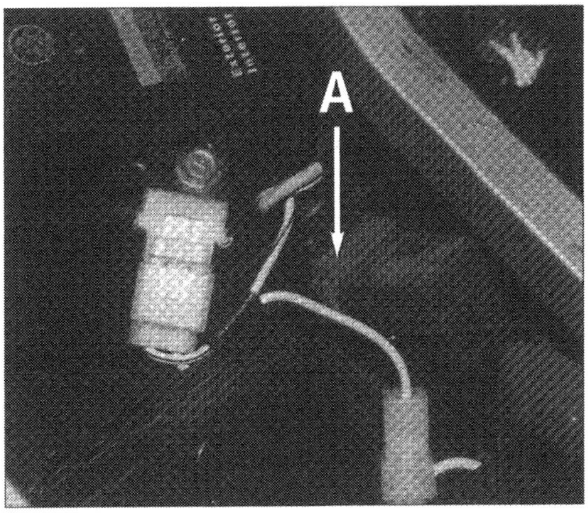

Bild 57
Hauptsicherung 30 Ampere (A) am Startrelais, Reserve im Verteilerkasten

3.22.2 Sekundärluftsystem

Die Luftansaugventile oder Membranen haben die Aufgabe, bei Unterdruck im Auslass, etwas Frischluft ins Abgas zu leiten. Besteht aber Überdruck im Auslass, kurz nach dem Öffnen vom Auslassventil, darf der nicht durch das Ventil in den Ansaugtrakt gelangen. Unterdruck herrscht dort nur ganz kurz, wenn das Auslassventil gerade geschlossen hat und die Geschwindigkeit der Auspuffgassäule noch recht hoch ist. Jetzt soll Frischluft angesaugt werden.

- Überprüfen der Luftansaugmembranen: Sitzbänke und Tank ausbauen, Verkleidung vorne komplett demontieren und Luftfiltergehäuse abnehmen. Auf dem Ventildeckel sieht man die beiden Luftansaugmembrangehäuse. Membrandeckel abschrauben und sowohl die Membran-

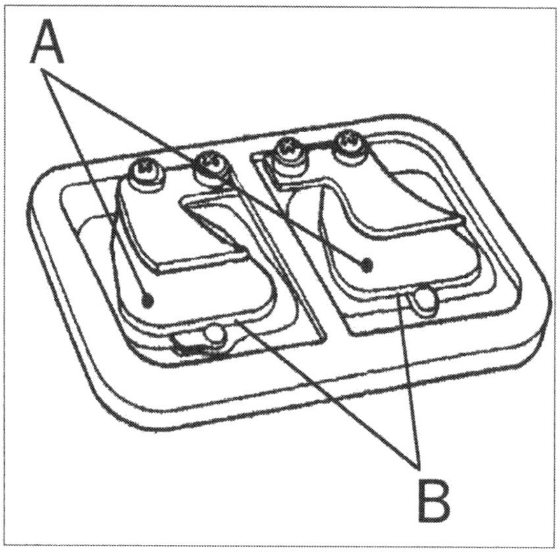

Bild 58
Luftansaugmembranen. Mebranzungen (A) und Dichtsitze (B) sorgfältig kontrollieren.

zungen A, als auch den Gummidichtsitz B (**Bild 58**) am Ventil auf Dichtheit und Beschädigung kontrollieren. Eventuelle Ablagerungen dürfen nicht abgekratzt werden, sondern müssen vorsichtig mit Dieselöl eingeweicht und abgewischt werden. Bei Verdacht auf Undichtigkeit müssen die kompletten Membranventile ersetzt werden.

⚠ Die Luft soll bei Schiebebetrieb nicht angesaugt werden. Das würde zu Fehlzündungen im Auspuff führen, die den Katalysator gefährden. Kawasaki baut daher ein Vakuumschaltventil ein, das den Luftstrom durch das Sekundärluftsystem bei hohem Unterdruck im Saugrohr abschaltet. Dieses Ventil muss nur bei Verdacht auf Fehlfunktion geprüft werden.

■ Vakuumschaltventil prüfen: Sitzbänke, Tank, Verkleidung vorne komplett, Luftfilterkasten ausbauen, danach das Vakuumschaltventil. Wenn man nun mit dem Mund kräftig am dünnen Schlauch A saugt, muss der Luftdurchgang von B nach C unterbrochen werden. Die Prüfung ist auch mit einer 200-Milliliter-Spritze (Apotheke) möglich. Laut Kawasaki muss das Ventil ab einem Unterdruck von 430 bis 490 Millimeter Quecksilbersäule schliessen. Will man es genau messen, kann man eine der Synchrontesteruhren anschliessen. Beim Einbau des Vakuumventils darauf achten, dass die Luftbohrung an der Unterdruckdose nach unten zeigt.

3.22.3 Benzinabsperrventile

Die Benzinabsperrventile werden einzeln von der digitalen Zündbox angesteuert und sitzen unmittelbar vor der Hauptdüse eines jeden Vergasers. Beim Starten werden die Absperrventile probeweise betätigt, ansonsten nur, wenn während des Motorlaufes der Not–Off-Schalter benutzt wird, oder wenn der automatische Drehzahlmesser einsetzt.

■ Benzinabsperrventile prüfen: Benzintank ausbauen, Steckverbindung am Absperrventil lösen, Batterieplus an braunschwarzes Kabel anlegen, Batterieminus kurz an das andere Kabel bringen (Zylinder 1: hellgrün – schwarz, Zylinder 2: orange – schwarz, Zylinder 3: orange – grün, Zylinder 4: rot), nun muss es leicht klicken.

■ Tatsächliche Abschaltung prüfen: Zündspule des jeweils geprüften Zylinders ausbauen, Zündung auf ON stellen und starten. Dabei an der abgezogenen Steckverbindung der jeweiligen Benzinabsperrventile mit dem Multitester die Spannung zwischen den Pins im Augenblick des Startbeginns messen. Es muss etwa die Batteriespannung angezeigt werden (Am braunschwarzen Kabel liegt bei eingeschalteter Zündung (Absicherungskreis Hupe) permanent plus an, und die Zündbox schaltet kurz minus auf das andere Kabel). Ist dem nicht so, muss die digitale Zündbox ausgetauscht werden.

3.23 Sonstige Besonderheiten der ZX-9R Ninja

3.23.1 Tachometersignalgeber

Der Tachometersignalgeber ist ein Hallgeber mit integriertem Schaltkreis und sitzt im Deckel des vorderen Antriebsritzels. Er erkennt Magnetfeldänderungen beim Drehen der vierkantigen Verlängerung der Ritzelmutter. Dieses Signal wandelt er in eine Rechteckwechselspannung um, deren Frequenz das vierfache der vorderen Ritzeldrehzahl darstellt. Analog dazu kann der Tachometer die richtige Fahrzeuggeschwindigkeit anzeigen. Diese Art Tachoantrieb ist wesentlich leichter und haltbarer als ein konventionelles Schneckengetriebe in

Verbindung mit einer Welle zum Tachometer. Prüfen des Tachosignalgebers: Tachosignalgeber ausbauen und laut **Bild 59** mit Spannung versorgen, einen 10-Kiloohm-Widerstand anschliessen und zwischen Punkt A und B die Spannung messen. Erst wenn mit einem Stahlgegenstand am Sensor herumgetastet wird, dürfen einzelne Spannungsspitzen messbar sein.

3.23.2 Polradmagnete aus Sintermaterial mit „Seltenen Erden“

Das Lichtmaschinenpolrad der ZX-9R Ninja ist, verglichen mit anderen Polrädern, unglaublich dünn. Bei einem Fünftel der Abmessungen und einem Viertel des Gewichtes haben diese Magneten dieselbe Feldstärke. Das ist mit Sintermetall zu erreichen, das unter anderem das Element der Lanthaniden, Nd (Neodym), enthält. Dieses Material ist gut, aber teuer. Das Polrad, falls erforderlich, bitte vorsichtig abziehen.

Baugruppen

Ausbau

Wie in Kapitel 3 besprochen, lassen sich alle Routinewartungsarbeiten bei eingebautem Motor vornehmen.
Lediglich bei Arbeiten an Kurbelwelle, Pleuel und Getriebe ist der Motorausbau erforderlich. Man tut sich bei Zylinderkopf und Kolbenarbeiten dennoch leichter, wenn der Motor ausgebaut ist.
Um den Motor ohne Haltevorrichtungen besser aus dem Rahmen heben zu können, empfiehlt es sich, schwere Baugruppen wie Starter, Generator und Kupplung vorher zu demontieren.
Die Beschreibung der Arbeitsgänge geht von einer Totaldemontage aus. Deshalb können, zum Beispiel bei Kupplungsproblemen, andere Kapitel ausgelassen werden.

Prüfen und Vermessen

Will man gleich den ganzen Motor überholen, kommt man um genaue Prüfungen und Messungen der Einzelteile nicht herum. Hier muss man entscheiden, ob sich die Anschaffung der ganzen Mess- und Prüfgeräte lohnt, oder ob man sich an eine Kawasaki Fachwerkstatt wendet.

Montage

Vor dem Zusammenbau sollte man sich darüber im Klaren sein, dass jetzt der richtige Zeitpunkt gekommen ist, ein zweifelhaftes Teil zu ersetzen, wenn man einen weiteren kompletten Zerlege- und Zusammenbauaufwand vermeiden möchte.
Wenn wirklich alles, einschliesslich der Dichtungen und Pasten bereitliegt, kann mit dem Zusammenbau begonnen werden.

▼ Bild 59
Prüfschaltung für Tachogeber. Digitalmultimeter im Messbereich 20 Volt DC, zwischen Punkten A und B messen.
R1 10 Kiloohm

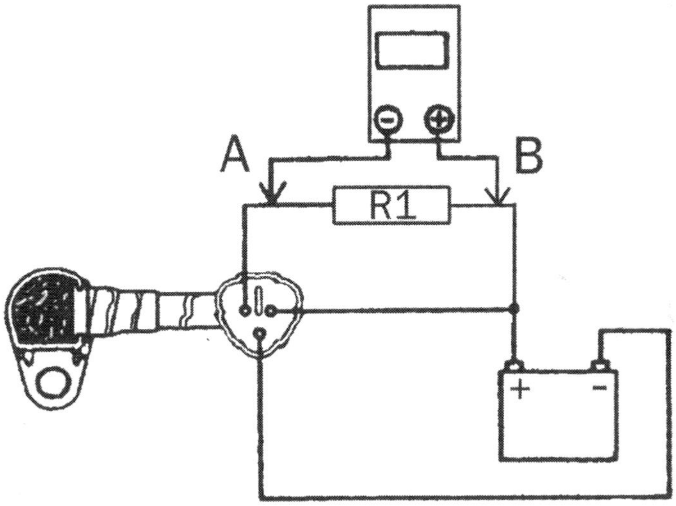

Vergaser

Bild 60
Vergaser

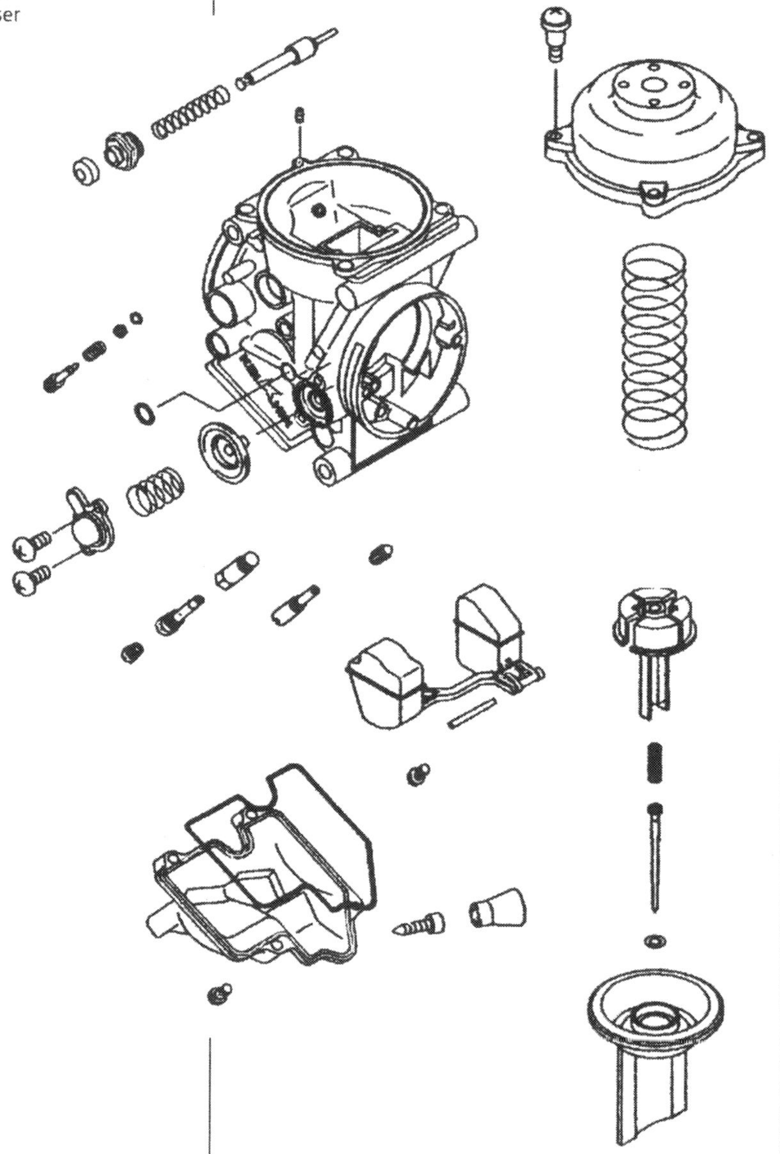

(**Bilder 60** und **62**)
Sieht man vom Einstellen der Leerlaufdrehzahl und vom gelegentlichen Synchronisieren ab, ist die Vergaseranlage im Normalfall wartungsfrei. Häufige Vergaserdefekte sind gerissene Schiebermembranen und Verklebung von Bohrungen nach langem Stehen. Das Reissen der Schiebermembranen ist normaler Verschleiss und ab etwa 80 000 Kilometer zu erwarten. Das Auswechseln derselben ist jedoch ohne Vergaserausbau zu bewerkstelligen. Ein Verkleben des Vergasers durch langes Stehen kann man durch konsequentes Ablassen des Kraftstoffs aus den Schwimmerkammern vor dem Winterschlaf der Maschine vermeiden.

TIPP Der Vergaserausbau ist nur zum Einstellen der Schwimmerniveaus und zum kompletten Reinigen erforderlich.

4.1 Ausbau

- Schwimmerstand und Funktion der Schiebermembranen werden bei eingebautem Vergaser gemessen und geprüft *(Kapitel 4.2)*
- Ausbau *(siehe Kapitel 3.7.1 – Ventilspiel einstellen)*.
- Geeignetes Gefäss unter die Ablaufstutzen A (**Bild 61**) stellen, Vergaser in Einbaulage senkrecht stellen und Benzin durch Öffnen der Schwimmerkammerablassschrauben B (**Bild 61**) vollständig ablassen.

⚠ Bei Arbeiten an der Kraftstoffanlage ist, wegen der starken Benzindampfbildung, besondere Vorsicht angebracht. Zündung auf OFF stellen, Funken, Rauchen, und statische Aufladung vermeiden und auf gute Lüftung achten. Benzin ist wesentlich leichter entzündlich als Kerosin und obendrein ziemlich giftig und Krebs erregend, insbesondere wegen des hohen Benzolanteils. Falls Kraftstoff auf Kleider tropft, empfiehlt es sich, diese sofort auszuziehen. Das Einatmen der Dämpfe und der Hautkontakt sind sehr schädlich.

- Die Vergaseranlage kann „am Stück" zerlegt werden. Es ist nicht notwendig, die vier Einzelvergaser zu trennen.
- Schwimmerkammern komplett mit Benzinabsperrventilen demontieren, Hauptdüse A und Leerlaufdüse B (**Bild 63**) herausdrehen, Fixierschraube entfernen und Schwimmer mit Schwimmernadelventil entnehmen.

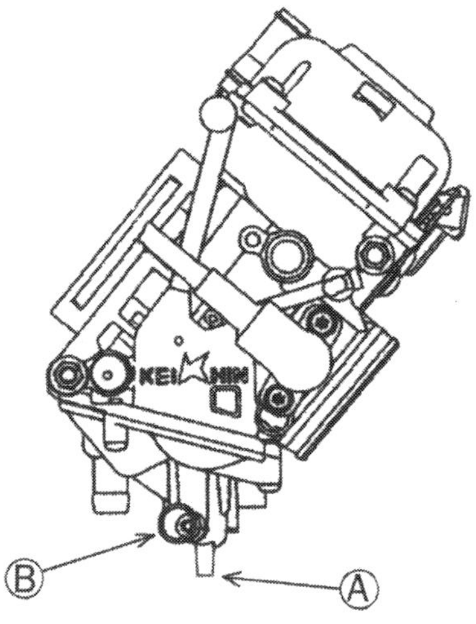

Bild 61
Ablassschraube (B) vier Umdrehungen herausdrehen, Benzin am Ablaufstutzen (A) auffangen

- Leerlaufgemischschraube A (**Bild 64**) vorsichtig und ohne dieselbe festzuziehen ganz in Richtung „zu" drehen und dabei die Umdrehungen zählen und notieren, (Beispiel 2 3/8). Danach wird die Schraube herausgedreht, Feder nicht verlieren.
- Unterdruckkammerdeckel abschrauben und vorsichtig die Schiebermembranen, komplett mit Feder und Schieber ausbauen.
- Chokestange abschrauben und die vier Chokekolben ausbauen (**Bild 65**).
- Drosselklappensensor vorsichtig abmontieren, er darf unter keinen Umständen ins Ultraschallbad.
- Nun kann der Vergaser komplett gereinigt, gefahrlos mit Druckluft ausgeblasen oder am besten in ein Ultraschallbad gebracht werden.

4.2 Prüfen und Vermessen

Schwimmerstand messen

Im eingebauten Zustand des Vergasers Motorrad genau waagerecht ausrichten (Vorder- und Hinterrad müssen den gleichen Abstand vom waagerechten Boden haben). Für diese Messung muss der Tank oder ein Hilfstank angeschlossen sein *(Kapitel 3.9 Drosselklappenabgleich)*. Nun wird nacheinander an jedem Vergaser ein Messrohr (**Bild 66**) angebracht und die Benzinablassschraube geöffnet. Nach dem Prinzip der verbundenen Gefässe füllt sich jetzt das Messrohr bis zum Schwimmerniveau in der Schwimmerkammer. Wir lesen das Mass zwischen dem Pegel im Messrohr und der Vergasergehäusemarkierung (**Bild 66**) ab und notieren den Stand, falls er ausserhalb der Toleranz von 18 ± 1 Millimeter unterhalb der Markierung liegt.

⚠ Beim Messen darf das Messrohr nach dem Öffnen der Ablassschraube nicht mehr hoch und runter bewegt werden, denn der Sprit kann durch das Schwimmernadelventil nicht zurückfliessen.

Einstellen des Schwimmerstandes

Vergaser ausbauen, Schwimmerkammer öffnen und die Messingzunge am Schwimmer zum Senken des Standes hochbiegen und zum Erhöhen des Standes runterbiegen. Als Orientierung dient die Schwimmerhöhe (**Bild 67**, Mass A).

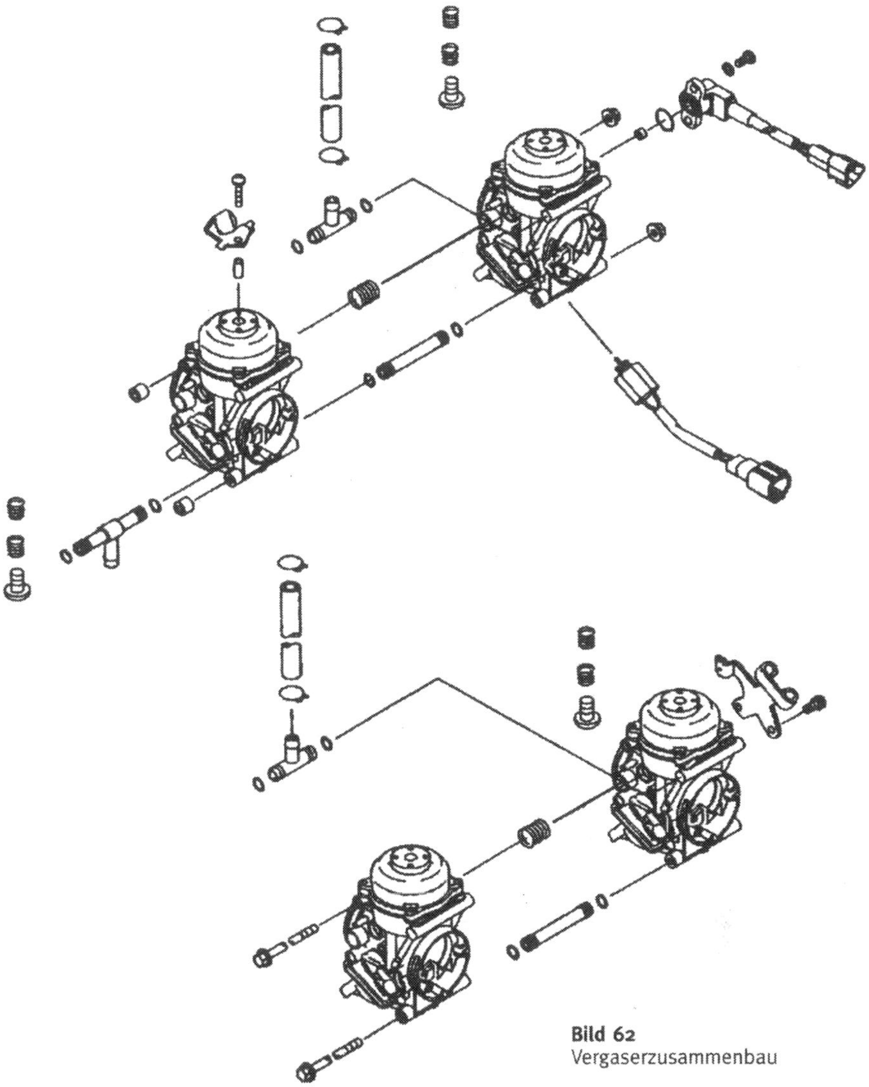

Bild 62
Vergaserzusammenbau

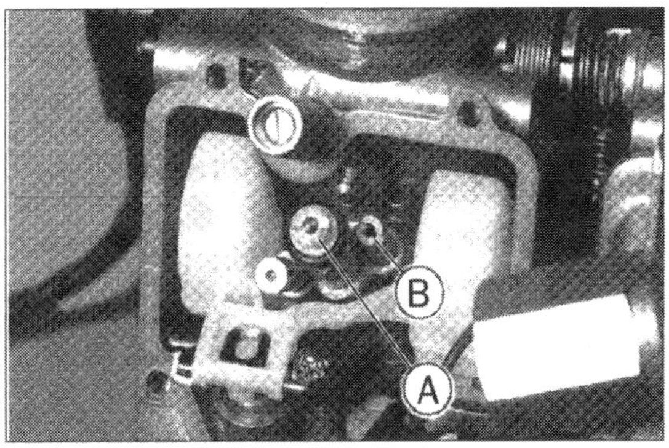

Bild 63
Schwimmerkammer
A Hauptdüse
B Leerlaufdüse

Normalwert 4 ± 2 Millimeter. Beim Messen ist sicherzustellen, dass der Druckstift des Schwimmernadelventils nicht gegen seine Feder eingedrückt wird.

⚠ Nach erfolgter Einstellung ist der Erfolg durch erneutes Messen des Schwimmerstandes zu überprüfen.

Vorsicht! ⚠
Aufgepasst! 👁

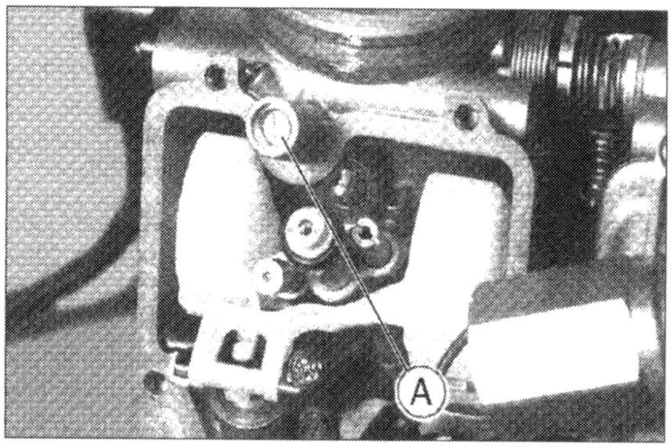

Bild 64
Schwimmerkammer
A Leerlaufgemischschraube

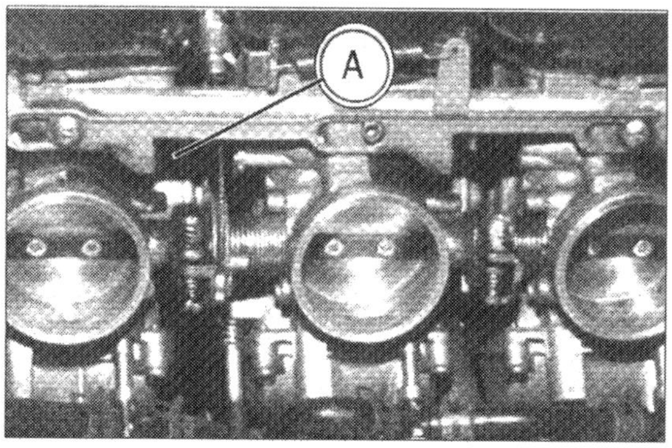

Bild 65
Chokestange. Der Chokekolben befindet sich unter der Überwurfmutter (A).

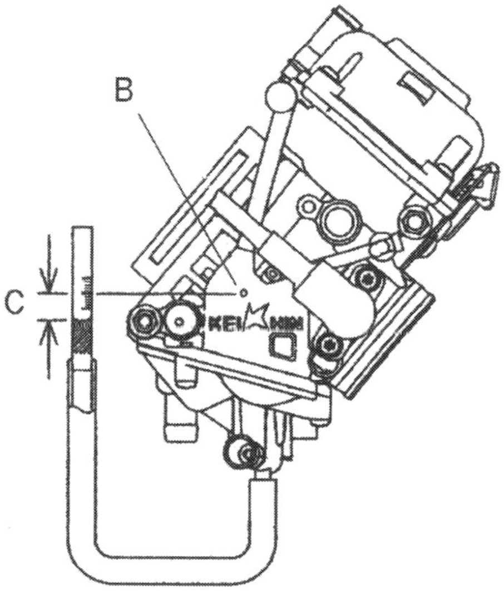

Bild 66
Schwimmerstand. Die Differenz (C) unter der Marke (B) soll 18 ± 1 Millimeter sein.

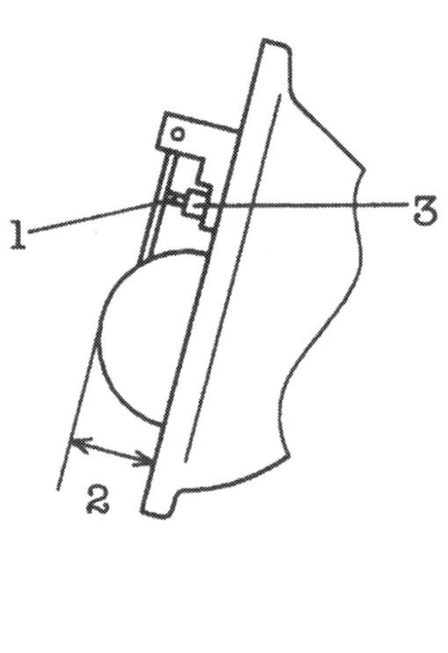

Bild 67
Schwimmerstand einstellen
1 gefederter Druckstift des Schwimmernadelventils
2 Mass 4 ± 2 Millimeter
3 Ventilkegel

Membranen der Unterdruckschieber kontrollieren

- Im eingebauten Zustand müssen sich die Schieber von hinten leicht mit dem Finger nach oben schieben lassen. Es muss ein saugendes Geräusch geben und alle Schieber sollten etwa gleichmässig schnell zurückkommen. Wenn man die Membranen ausgebaut hat, kann man sie vorsichtig und sorgfältig auf Risse oder poröse Stellen untersuchen. Findet man solche, oder ist die Lauffläche der Schieber deutlich verschlissen, sollten alle vier Schieber ausgetauscht werden (Die Membranen sind nicht vom Schieber zu trennen).
- Düsen reinigen: Mit Druckluft oder Baumwollfaden, keineswegs mit Drähten oder Ähnlichem.
- Schwimmernadelventil kontrollieren: Spitze A muss schön kegelig, ohne Einbuchtungen Grate oder Verschleisserscheinungen sein (**Bild 68**). Der Druckstift B muss sich, gegen die eingebaute Feder, eindrücken lassen und von selber wieder herauskommen.

Benzinabsperrventile

- Funktion: Die Absperrventile blockieren den Benzinzufluss zur Hauptdüse bei Zündstörungen, bei zu hoher Drehzahl oder beim Betätigen des Not–Off-Schalters, um den Katalysator vor unverbranntem Kraftstoff zu schützen. Sie bekommen bei eingeschalteter Zündung permanent Strom über den Hupensicherungskreis, Kabelfarbe braun – schwarz. Die digitale Zündbox schaltet im Störungsfall einzeln Masse auf das jeweilig andere Kabel.
- Kontrolle: Absperrventile aus der Schwimmerkammer herausschrauben und braunschwarzes Kabel mit dem Pluspol einer Batterie verbinden, das andere Kabel auf den Minuspol halten, dabei muss sich der Sperrbolzen aus dem Ventil, bezogen auf den Sitz unter dem O-Ring von ursprünglich ca. 16.6 Millimeter auf 18.6 bis 19.1 Millimeter herausschieben (siehe **Bilder 69** und **70**).
- Leerlaufgemischschraube am kleinen Kegel ganz vorne im Bereich A, **Bild 71**, auf Beschädigungen untersuchen.
- Kühlmittelfilter im Vergaserheizkreislauf mit Druckluft ausblasen.

Benzinpumpe

- Funktion: Jedes Motorrad, bei dem die Schwimmerkammer des Vergasers oberhalb des niedrigsten Kraftstoffniveaus im Tank liegt, braucht eine Benzinpumpe. Hier haben sich elektrische Pumpen, nach dem Prinzip des „Wagnerschen Hammers" durchgesetzt. Das sind Membranpumpen, die so lange Kraftstoff pumpen, bis sie einen definierten Widerstand verspüren (zum Beispiel, wenn der Schwimmer schliesst). Sobald der Widerstand im Kraftstofffluss vorhanden ist, erreicht der „Wagnersche Hammer" nicht mehr den elektrischen Kontakt und die Pumpe ist automatisch ausgeschaltet, bis der Widerstand oder Gegendruck wieder abgebaut ist. Danach fördert sie weiter.
- Kontrolle: Die Spritpumpe wird an eine Batterie angeschlossen (rotes Kabel an den Pluspol, schwarzes an den Minuspol). Ist sie in Ordnung, beginnt ein schnelles tschup–tschup-Geräusch. Hält man dann den Ausgang mit dem Finger zu, muss das Geräusch alsbald aufhören. Das so genannte Pumpenrelais ist eigentlich eine kleine Blackbox mit Diode und einem Thyristor, deswegen auch schwer zu prüfen. Ich empfehle daher bei Verdacht auf Fehlfunktion den Probeaustausch (siehe auch **Bild 72**, Stromlaufplan Benzinpumpe).

4.3 Montage des Vergasers

Die Montage geschieht sinngemäss umgekehrt wie das Zerlegen, hier muss jedoch auf manches geachtet werden:

- Der O–Ring der Schwimmerkammer darf keinerlei Quetschspuren aufweisen.
- Der Kranz des Düsennadelhalters im Schieber darf die Unterdruckbohrung nicht verdecken.
- Membranen vorsichtig in die Nut im Vergasergehäuse einsetzen, dabei den Schieber leicht mit dem Finger anheben und die Lasche des Atmosphärenkanals sauber und vorsichtig einpassen.
- Leerlaufgemischschrauben vorsichtig und ohne Anziehen in vorher notierte Positionen bringen, Kawasaki-Grundeinstellung ist 1 1/2 Umdrehungen offen.
- Die Chokebetätigung und sämtliche Cho-

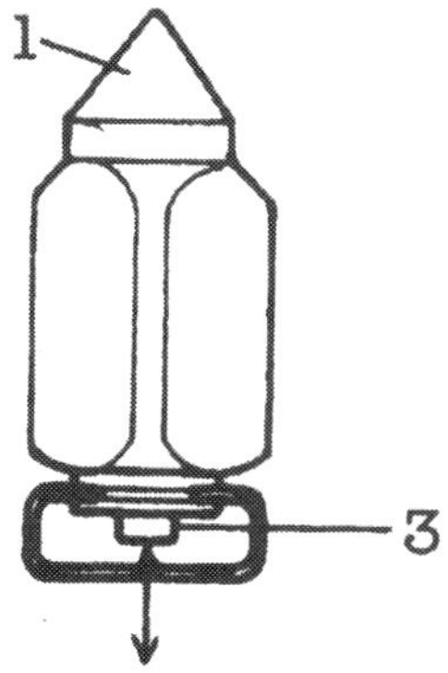

Bild 68
Gummikegel
1 gut
2 schlecht
3 gefederter Druckstift

Bild 69
Lage der Benzinabsperrventile (A)

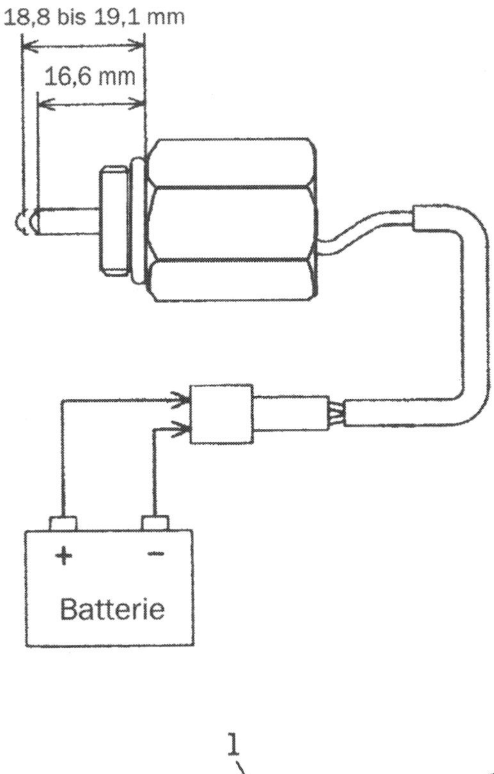

Bild 70
Benzinabsperrventile. Ist Spannung angeschlossen, schiebt sich der Stift heraus.

Bild 71
Leerlaufgemischschraube
1 Einstellschraube
2 Kegelspitze

Bild 72
Stromlaufplan Benzinpumpe
1 Verteilerkasten
2 Not-Off mit Startknopf
3 Benzinpumpensteuergerät
4 Benzinpumpe
5 Zündspule
6 Zündschloss
7 Batterie
8 Zündbox

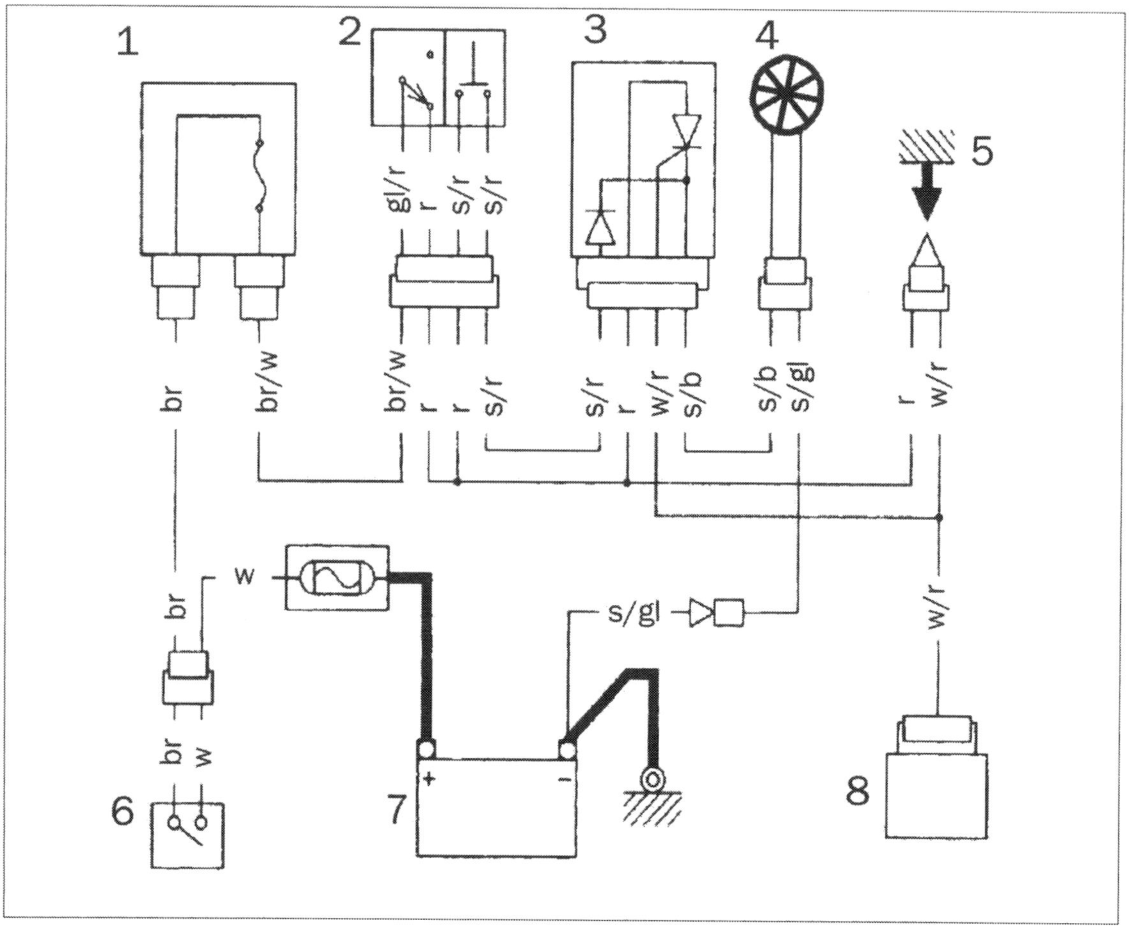

kekolben müssen leichtgängig sein und korrekt öffnen und schliessen.

- Bei der Montage der Vergaserbatterie an die Ansaugstutzen darauf achten, dass alle Befestigungsschellen mit der Schraube nach oben und leicht nach innen sitzen. Die beiden rechten Vergaser werden von rechts festgezogen, die beiden linken von links.

Starter

5.1 Ausbau, Einbau, Zerlegen

- Benzintank ausbauen, *siehe Kapitel Wartung 3.2.*
- Starterausbau: Vorsichtig die Plusanschlussleitung A abschrauben, dabei darauf achten, dass sich der Bolzen nicht mitdreht. Dann die Befestigungsschrauben B entfernen, **Bild 73**. Nun kann der Starter aus dem Antriebsloch gezogen werden. Vorsicht, nicht verkanten, falls der Starter nicht freiwillig kommt, kann an Stelle C (**Bild 74**) mit einem Schraubendreher gehebelt werden.

⚠ Niemals auf den Anlasser hämmern, sowohl die Magnete, als auch der Rotor können beschädigt werden.

- Beim Wiedereinbau des Anlassers muss darauf geachtet werden, dass die elektrischen Kontaktflächen sowohl unter den Gehäuseaugen des Starters, als auch die Gegenflächen am Motorgehäuse mechanisch sehr sauber sind. Der hohe Anlasserstrom braucht niedrige Übergangswiderstände. Den O-Ring am Passsitz leicht einölen.
- Zerlegen des Starters: Die beiden Kreuzschlitzschrauben des Startergehäuses entfernen und beide Deckel abnehmen, dann den Rotor gegen die Magnetkräfte aus dem Gehäuse ziehen.

TIPP Vor dem Zerlegen mit Filzstift beide Deckelfluchten relativ zum Gehäuse markieren.

- Der Ausbau des Anlasserfreilaufs wird im Kapitel 6 Generator beschrieben.

5.2 Prüfen und Vermessen

- Startlogik und Starterstromkreis siehe **Bild 75**.
- Findet man den Rotor und den Kollektor völlig ölverschmutzt vor, ist der Wellendichtring im vorderen Deckel unter dem Kugellager defekt. Am Kollektor darf kein Öl den Kontakt verschlechtern, sonst verbrennt derselbe in kurzer Zeit komplett mit den Kohlen.

TIPP Dieser Wellendichtring ist bei Kawasaki nicht erhältlich. Im Industriezubehör findet man allerdings ähnliche, etwas dickere, die ihren Zweck erfüllen.

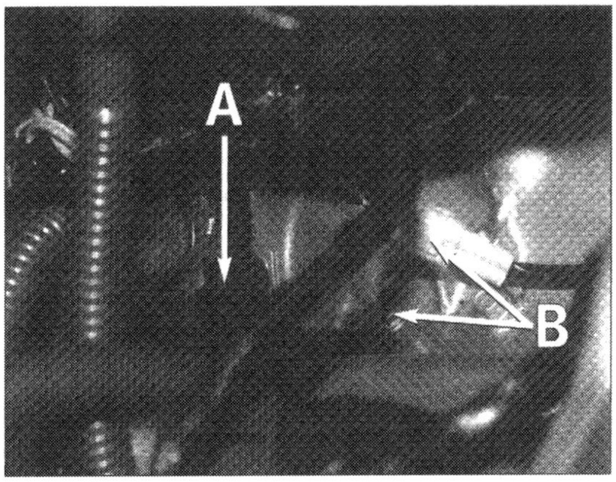

◄ Bild 73
Anlasser, Pol und Befestigung
A Plusleitungsanschluss
B Befestigungsschraube

▼ Bild 74
Starter aus- und einbauen. Notfalls kann hier (C) gehebelt werden.
1 Pluskabel
2 Befestigungsschrauben

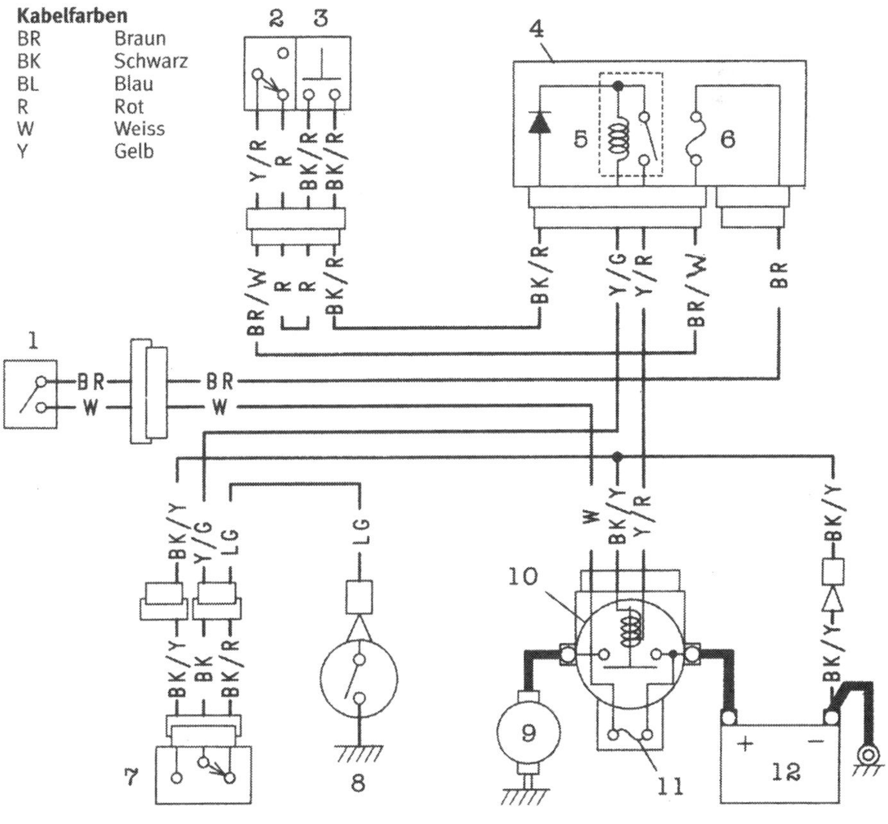

▼▼ Bild 75
Stromlaufplan Ladesystem
1 Zündschloss
2 Motorstoppschalter
3 Starterknopf
4 Verteiler-/Sicherungskasten
5 Starterstromkreis-Relais
6 Zündungssicherung 10 A
7 Startersperrschalter
8 NEUTRAL-Schalter
9 Startermotor
10 Starterrelais
11 Hauptsicherung 30 A
12 Batterie

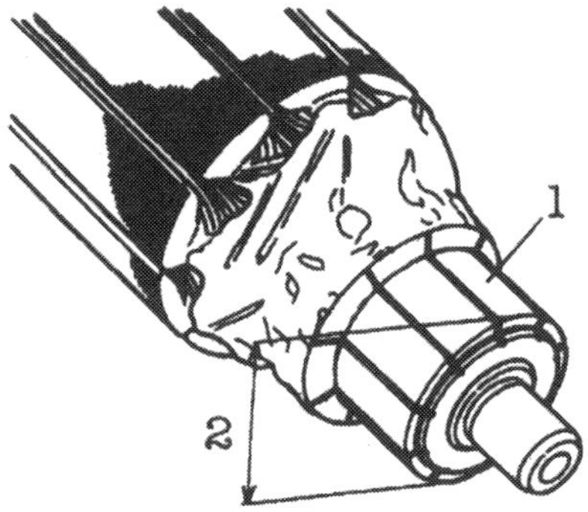

Bild 76
Kollektordurchmesser-Verschleissgrenze 27 mm
1 Kollektorfeld
2 Durchmesser

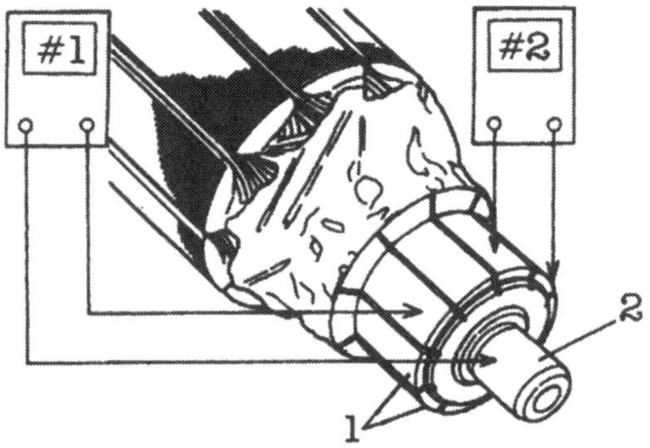

Bild 77
Ankerwicklungen prüfen
1 Kollektorfelder
2 Rotorwelle

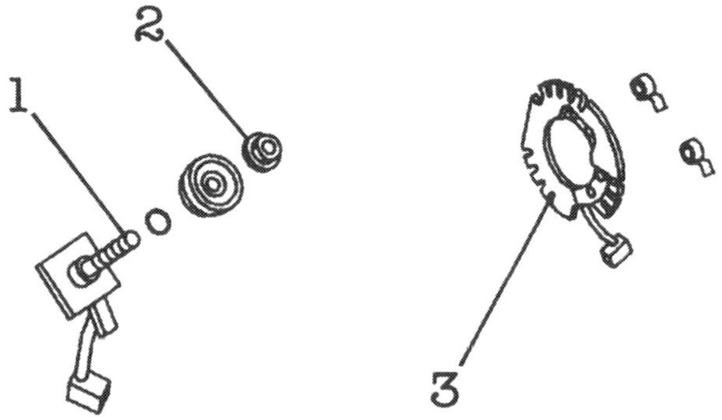

➤ **Bild 78**
Starterbürsten
1 Pluskohle mit Anschlussbolzen
2 Gegenmutter
3 Kohlenplatte mit Minuskohle

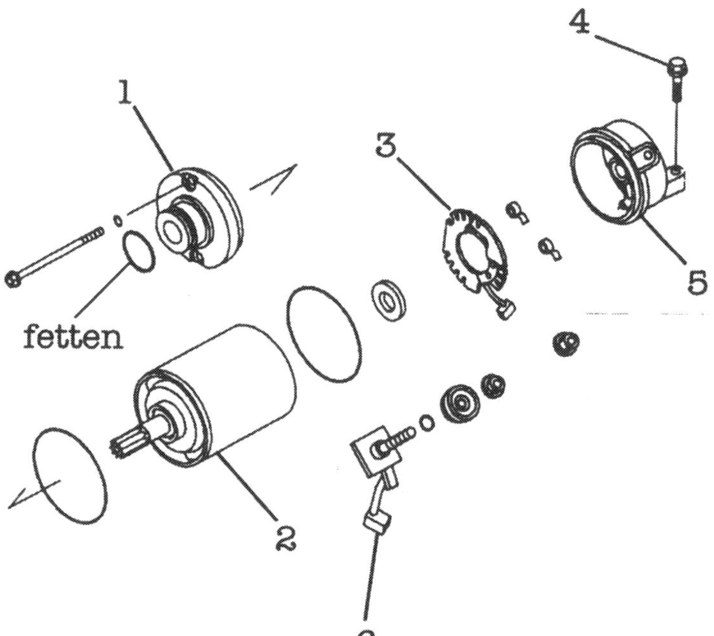

▼ **Bild 79**
Startermotor
1 Frontdeckel
2 Gehäuse
3 Kohlenplatte
4 Befestigungs-schraube 9,8 Nm
5 Rückdeckel
6 Pluskohle

Kohlebürsten auf Beschädigung und Länge prüfen:
Neu 12 Millimeter, Verschleissgrenze 8,5 Millimeter

- Rotor und Kollektor (**Bild 76**) prüfen
  1. Sichtkontrolle der Kollektorfelder: Sind die einzelnen Kollektorfelder stark dachförmig, das bedeutet in der Mitte höher und zu den Schlitzen der Nachbarfelder hin niedriger, muss der Kollektor überdreht werden, jedoch ohne das Mindestmass von Durchmesser 27 Millimeter zu unterschreiten. Anschliessend müssen die Schlitze wieder vom verschmierten Kupfer befreit oder eingesägt werden (Rundlauftoleranz: 0.02 Millimeter).
  2. Elektrische Prüfung (**Bild 77**): Kein Kollektorfeld darf Durchgang zur Welle haben, wir messen im höchsten Widerstandsbereich (eine Messung genügt). Ebenso müssen alle benachbarten Kollektorfelder niederohmig, also wesentlich kleiner als 0.4 Ohm, miteinander verbunden sein (Messung im niedrigsten Widerstandsbereich). Stimmt hier ein Wert nicht, muss der Rotor ausgetauscht werden.
  3. Kugellager, Gleitlager und Verzahnung auf sichtbare oder fühlbare Beschädigungen prüfen.
- Kohlenplatte prüfen (**Bild 78**): Die Minuskohle muss guten Kontakt zur Platte haben, die Pluskohle muss von der Platte isoliert sein und guten Kontakt zum Plusanschlussbolzen haben. Die Federn dürfen nicht ausgeglüht sein und die Kohlen müssen stramm an den Kollektor drücken. Die dicken Kupferlitzen sollten sowohl vollständig erhalten sein, als auch alle Einzeldrähte Kontakt zu den Kohlen haben, sonst müssen sie ausgewechselt werden.

5.3 Zusammenbau des Starters

Siehe Zeichnung **Bild 79**

- Gleitlager im hinteren Deckel sparsam mit sehr zähem Fett schmieren, sämtliche Distanzringe mit einer Spur Fett überziehen und auf den Rotor schieben.
- Rotor vorsichtig in das magnetische Gehäuse einführen, ohne den sauberen

Kollektor zu berühren. Beide intakten Gehäusedichtringe aufsetzen. Vorderen Deckel vorsichtig über die Rotorverzahnung schieben, um den Wellendichtring nicht zu beschädigen.

- Kohlenplatte in der alten Position in den hinteren Deckel stecken, Kohlen leicht auseinanderhalten und den Kollektor dazwischen schieben. Nun die Deckel mit den Marken ausrichten und die beiden Schrauben mit den kleinen gefetteten O-Ringen festziehen.
- Hat man den Kollektor überdreht und neue Kohlen montiert, empfiehlt es sich, den Starter kurz einlaufen zu lassen. Dazu wird er ohne Last etwa sechsmal, jeweils für drei Sekunden an eine Batterie angeschlossen, wobei man die Pole und damit auch die Drehrichtung jedes Mal vertauscht. Dies passt die Kohlen an den Kollektor an.

5.4 Startrelais

Das Startrelais schaltet wie im Stromlaufplan Bild 75 ersichtlich, mit Hilfe eines kleinen Stromes vom Startknopf über die Startlogik den sehr starken Anlassstrom ein. Die Schaltkontakte im Relais müssen fast ohne Übergangswiderstand schliessen. Die Messung (**Bild 80**) überprüft den Übergangswiderstand.

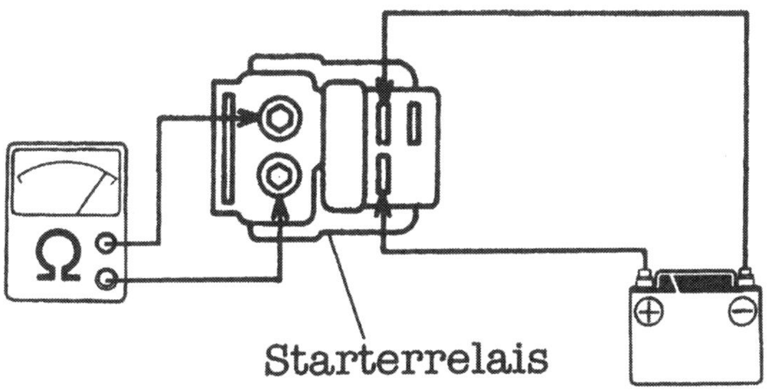

Bild 80
Schaltkontaktwiderstand des Startrelais nachmessen

Generator

Vorsicht! ⚠
Aufgepasst! 👁

Die Kawasaki ZX-9R verfügt über eine konventionelle Drei-Phasen-Sternlichtmaschine mit Polrad und externem Kurzschlussregler–Gleichrichter. Das ist zwar nicht so fortschrittlich wie die so genannten „Huckepack–Generatoren“, die viele Mitbewerber in ihre Supersportler einbauen, aber dafür wesentlich leichter und sehr leistungsstark (400 Watt), insbesondere wegen dem „Seltene Erden“–Magnetpolrad.

6.1 Ausbau

- Der Generator muss zur elektrischen Prüfung nicht ausgebaut werden.
- Folgende Teile sind auszubauen: Untere Verkleidung und linke mittlere Verkleidung, Kühlmittelausgleichsbehälter A lösen und etwas höher fixieren, Benzintank ausbauen, *siehe Kapitel 3.2.*, Steckverbinder für Lichtmaschine, Leerlaufgeber und Wassertemperatursensor trennen.

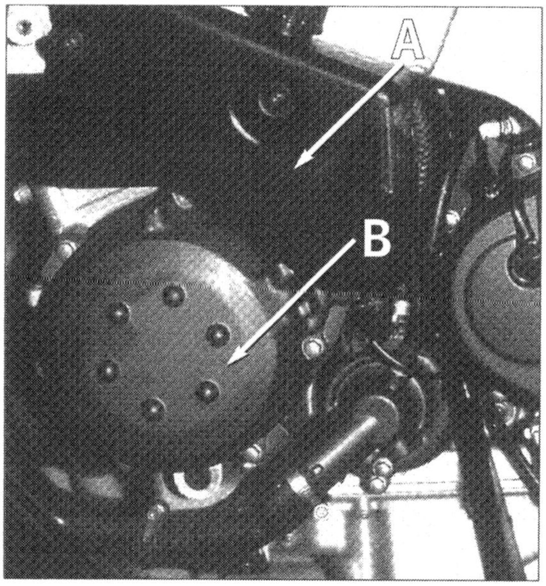

Bild 81
Lichtmaschine (B) und Kühlmittelbehälter (A)

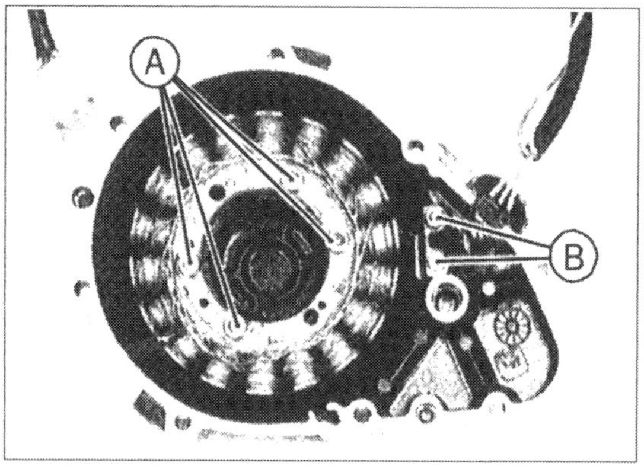

Bild 82
Lichtmaschinendeckel von innen
A Schrauben (4 Stück)
B Schrauben (2 Stück

Geeigneten Ölauffangbehälter unter den Lichtmaschinendeckel stellen und den Deckel B (**Bild 81**) abschrauben.
- Sternstatorwicklung mit vier Schrauben A aus dem Deckel lösen, zwei weitere Schrauben B für die Kabelführung und die Kabeltülle lösen (**Bild 82**), danach Stator mit Kabelstrang und Tülle vorsichtig und ohne das Kabel zu knicken herausnehmen.
- Magnetrotor, auch Polrad genannt, demontieren:
  Startervorgelege durch das Herausnehmen der Achse demontieren. Um die Polradschraube B zu lösen, wird zum Gegenhalten das Kawasaki-Spezialwerkzeug Nr. 57001-1313 am Rotor befestigt (**Bild 83**). Vorher muss das Öl an der Aussenfläche des Rotors sauber abgewischt werden. (Alternativ kann ein sauberes Ölfilterband gegenhalten, oder es kann ein Druckluftschrauber verwendet werden, der, wegen der Trägheit der Kurbelwelle, die Schraube ohne Gegenhalten lösen kann.) Ist die Schraube draussen, kommt das Kawasaki-Spezialwerkzeug Nr. 57001-1405 zum Einsatz, zu dem es kaum Alternativen gibt, da es ein spezieller Glockenabzieher mit Innengewinde M38 x 1,5 ist. Wer über eine Drehbank mit Zug und Leitspindel verfügt, kann den Abzieher selbst anfertigen, sonst kann man ihn bei Kawasaki borgen oder kaufen. Abzieher auf das Aussengewinde im Polrad schrauben, Bolzen fest anziehen, sodass er satt auf die Kurbelwelle drückt, dann mit einem 300-Gramm-Hammer fest und mittig mehrmals auf den Bolzen schlagen, eventuell Bolzen zwischendrin nachziehen, bis sich der Kegelsitz löst (**Bild 84**). Bei hartnäckigem Sitz des Polrades kann es sein, dass man zusätzlich zur Abziehglocke Nr. 57001-1405 noch den Kreuzabzieher mit Schlagstück Kawasaki Nr. 57001-1216 benötigt. Beim Abnehmen des Polrads den Positionskeil des Kegelsitzes nicht verlieren.

⚠ Beim Hämmern nicht abrutschen und das Polrad treffen, Magnete platzen ab.

- Der Anlasserfreilauf besteht aus dem hinten am Polrad festgeschraubten Teil und dem grossen Zahnrad mit Kupplungsbund, das sich frei auf der Kurbelwelle dreht. Bei defektem Anlasserfreilauf sollten sicherheitshalber beide Teile ausgetauscht werden.

TIPP Fingerzeig
Exakt messen

6.2 Prüfen und vermessen

- Stromlaufplan des Ladesystems siehe **Bild 85**.

Prüfung des Stators

- Stator auf Masseschluss prüfen: Heckverkleidung entfernen *(Kapitel 3.2)* und die Reglersteckverbindung mit den drei gelben Kabeln lösen. An einem der drei Pins, die aus dem Kabelbaum von der Lichtmaschine kommen, wird mit dem Digitalmultimeter, Messbereich Widerstand, im höchsten Bereich, gegen Masse gemessen. Wird hier nicht „unendlich" angezeigt, hat der Stator einen Masseschluss und muss ausgewechselt werden.

⚠ Der Generator kann, neben einem Masseschluss im Stator, noch andere Defekte aufweisen: Wicklungsschlüsse oder Wicklungsunterbrechungen. Ebenso kann der Rotor eine Magnetfeldschwäche bekommen, etwa durch Erschütterungen wie Hammerschläge oder gar Herunterfallen des selben. Kawasaki spricht neben Altersschwäche der Rotormagnetisierung auch von Einflüssen durch externe elek-

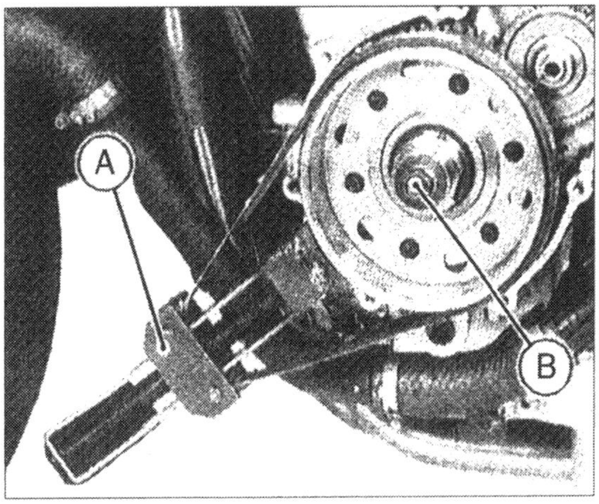

Bild 83
Polrad mit Gegenhalter
A Polradgegenhalter
B Befestigungsschraube

Bild 84
Polrad wird abgedrückt

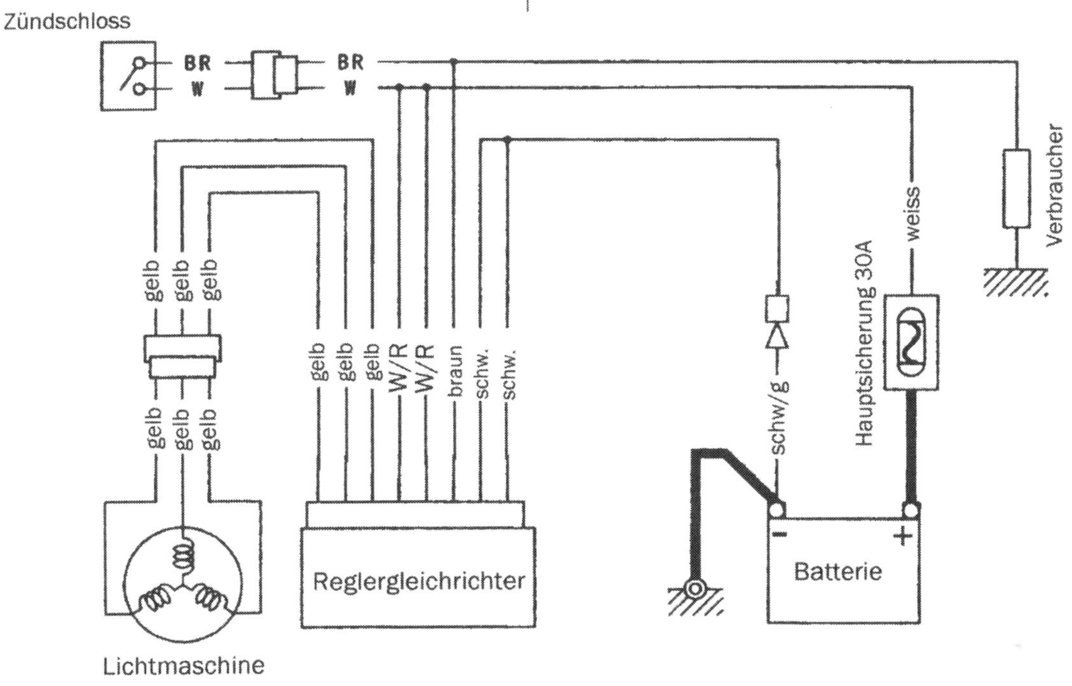

Bild 85
Stromlaufplan Ladesystem

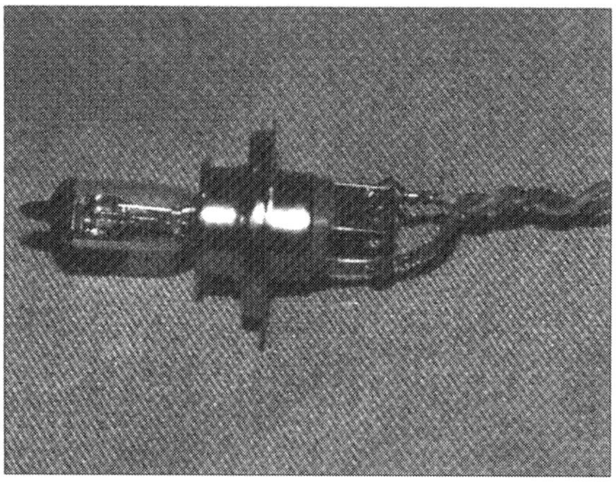

Bild 86
Leistungsprüfer für Lichtmaschinenphasen 115 W

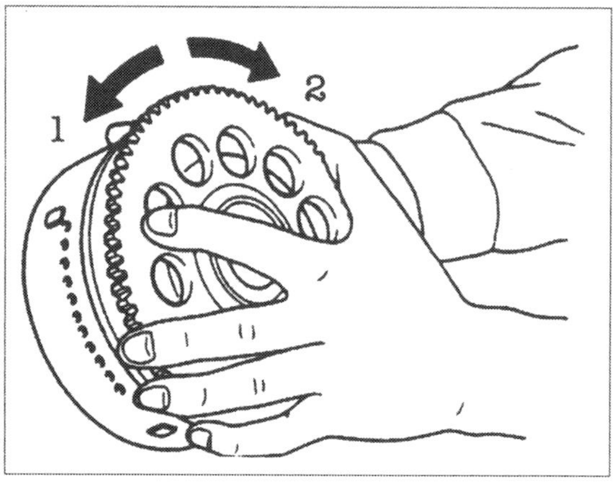

Bild 87
Starterfreilauf prüfen
1 Frei drehen
2 Sperren

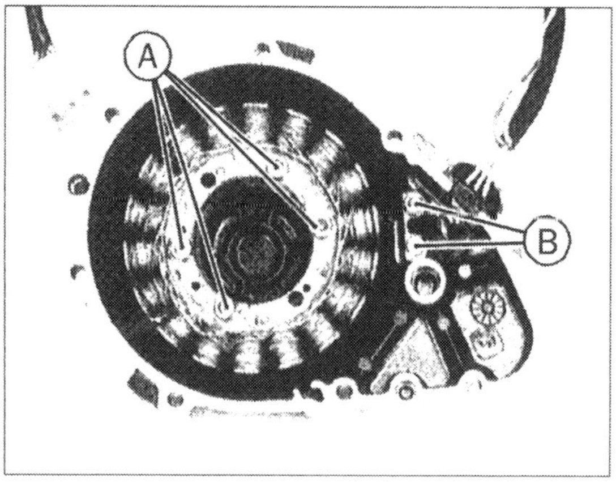

Bild 88
Lichtmaschinendeckel von innen
A Schrauben (4 Stück)
B Schrauben (2 Stück

tromagnetische Felder. Im Kawasaki-Werkstatthandbuch wird zur weiteren Prüfung des Stators die Messung der Leerlaufspannung zwischen den Phasen propagiert (bei 4000 Umdrehungen pro Minute soll sie grösser als 46 Volt Wechselspannung sein). Da diese Messung erfahrungsgemäss nicht sehr aussagekräftig ist, prüfen wir direkt die Leistung der Phasen.

- Phasenleistungsmessgerät: Wir nehmen eine H-4-Birne und schliessen zwei Kabel entsprechend **Bild 86** an. Beide Glühwendel sind parallel geschaltet und bilden ein Leistungsmessgerät, das bei 115 Watt in der gewohnten Helligkeit leuchtet. Die Lichtmaschine hat etwa 400 Watt Maximalleistung. Verteilt auf drei Phasen sind das 133 Watt pro Phase, was bedeutet, dass wir nur bis maximal 4000 Touren hochdrehen dürfen, damit die H-4-Birne nicht durchbrennt.
- Leistungsprüfung des Stators: Heckverkleidung entfernen *(Kapitel 3.2)* und die Reglersteckverbindung mit den drei gelben Kabeln lösen. An den drei Pins, die aus dem Kabelbaum von der Lichtmaschine kommen wird gemessen: jeweils zwei Pins (es sind insgesamt drei Messungen) werden mit den beiden Kabelenden unseres Leistungsprüfers verbunden. Nun wird der Motor gestartet. Ist die Phase in Ordnung, leuchten die beiden Glühwendel der H-4-Birne schon im Leerlauf etwas und gewinnen mit steigender Motordrehzahl, spätestens bei 4000 Umdrehungen, ihre normale Helligkeit. Sind alle drei Phasen in Ordnung, ist der Stator intakt und der Rotor hat noch genügend Magnetismus.

Prüfung des Reglergleichrichters

- Der Gleichrichter im Regler ist mit einem Digitalmultimeter, das über einen Diodentestmodus verfügt, leicht zu prüfen. Insgesamt 12 Messungen sind für die sechs eingebauten Dioden erforderlich: Der Reglergleichrichter wird komplett ausgesteckt.
- Kontrolle der Plusdioden. Durchlassrichtung: Wir verbinden das Messkabel vom Masseanschluss des Digitalmultimeters, auch „COM“ genannt (von Engl. Common = gemeinsam, gewöhnlich), mit einem der beiden weissroten Kabel des Reglergleichrichters. Das zweite Messkabel steckt beim Digitalmultimeter in der „V/ “-Buchse und wird nun nacheinander an die drei Pins (gelbe Kabel) des anderen Kabelstrangs gehalten. Im Display des Multimeters wird dann jeweils die so genannte „Zehnerspannung“ der drei einzelnen Plusdioden im Gleichrichter angezeigt. Sie beträgt zwischen 450 und 600, meistens etwa 560 Millivolt bei intakter Diode.
  Sperrrichtung: Die Kabel des Multimeters werden vertauscht. Nun darf bei allen drei gelben Phasen nichts angezeigt werden.

- Kontrolle der Minusdioden. Durchlassrichtung: „V/ " wird mit einem der schwarzen Kabel des Reglergleichrichters verbunden und das „COM"-Kabel an die drei gelben Phasenkabel gehalten. Im Multimeter werden wieder die „Zehnerspannungen" diesmal der Minusdioden angezeigt, Werte wie oben.
  Sperrrichtung: Beim Vertauschen der Kabel darf wieder nichts angezeigt werden.
- Der Regler des Reglergleichrichters ist am einfachsten durch die Kontrolle seiner Wirkung zu prüfen. Der Reglergleichrichter wird wieder eingebaut und angeschlossen. Voraussetzung für diese Messung sind sowohl eine intakte Batterie, als auch eine intakte Lichtmaschine. Die Bordspannung wird mit eingeschalteter Zündung ohne Licht und ohne laufenden Motor an der Batterie unter den Sitzen gemessen: Werte von 12,2 bis 12,8 Volt sind möglich. Dann wird der Motor gestartet. Die Bordspannung muss nun etwas steigen. Beim Gasgeben muss sie über den Wert von 13,0 Volt steigen, aber vor dem Erreichen von 14,7 Volt stagnieren. Nun kann man noch das Licht einschaltet. Auch da muss die Spannung bei höheren Drehzahlen über 13 Volt steigen. Geht die Spannung über 14,7 Volt, ist der Regler im Reglergleichrichter sicher defekt. Schafft die Bordspannung bei höherer Drehzahl keine 13 Volt, liegt es entweder am Regler, am Gleichrichter oder am Generator.

Prüfung des Anlasserfreilaufs

- Schiebt man das grosse Zahnrad des Freilaufs mit dem Kupplungsbund in sein Gegenstück am Polrad, muss er das selbe in einer Drehrichtung mitnehmen und in der anderen Richtung ganz frei und ohne Reibung durchgleiten. Beim Mitnehmen muss er auch grosse Drehmomente in jeder Stellung sicher und ohne kurze Durchrutschstellen übertragen (**Bild 87**).

6.3 Montage

- Falls der Starterfreilauf vom Polrad abgeschraubt war, sind die Schrauben mit Schraubensicherung zu sichern. Anzugsdrehmoment 12 Nm.
- Vor dem Aufschieben des grossen Zahnrades auf die Kurbelwelle, die Lagerstelle mit MoS2-Fett schmieren.
- Vor Montage des Polrades Kegelsitz gut reinigen und auswischen. Positionskeil nicht vergessen, und beim Aufschieben des Polrades auf den Kupplungsbund des Freilaufzahnrades, das selbe von Hand im Uhrzeigersinn drehen.
- Die dicke Unterlegscheibe der Polradbefestigungsschraube wird so eingebaut, dass die Fase der Bohrung nach aussen zeigt. Polrad zuerst mit 70 Nm festziehen, Schraube noch einmal herausdrehen und mit dem Polradabzieher prüfen, ob das Polrad wirklich fest sitzt. (Abziehmoment von 20 Nm darf nicht zum Lösen führen, sonst Kegelsitz nochmals reinigen und ausreiben.) Danach endgültig mit 110 Nm festziehen.
- Lichtmaschinenstator in den Deckel einbauen, Schrauben A 12 Nm, Schrauben B 8,3 Nm, Kabeltülle vorher ringsherum mit flüssiger Dichtung behandeln (**Bild 88**).
- Lichtmaschinendeckel montieren: Zuerst Vorgelege des Starters einbauen, dabei eine neue Dichtung verwenden und die Stossstellen der Kurbelgehäusehälften sowie die Kabeltülle mit flüssiger Dichtmasse behandeln. Sicherstellen, dass beide Passhülsen eingesteckt sind und die Deckelschrauben mit 10 Nm festziehen. Ölstandkontrolle nicht vergessen.

Zündsystem

⚠ Vorsicht bei Arbeiten am Zündsystem. Die Zündbox hat ein digitales Kennfeld gespeichert, das empfindlich auf unkontrollierte Hochfrequenzspannungen reagiert. Batterie, Zündspulen und Zündbox nicht bei eingeschalteter Zündung oder laufendem Motor abklemmen.

⚠ Beim WIG-Schweissen am Rahmen muss die Zündbox wegen der Hochfrequenzzündspannung des Schweissgeräts ausgebaut und in Sicherheit gebracht werden.

⚠ Beim digitalen Zündsystem der ZX-9R sind, neben dem Signal des Induktivgebers, die Signale des Temperatursensors und des Drosselklappensensors sehr wichtig. Mit ihrer Hilfe entscheidet sich die Zündbox für eine der vielen Verstellkurven des digitalen Zündkennfeldes. Stimmt eines dieser Signale nicht, wird der Motor unter falschen Voraussetzungen betrieben und kann Schaden nehmen. Eine Fehlfunktion der anderen Stellglieder für die Zündbox, wie Kupplungshebelschalter, Seitenständerschalter, Not-Off-Schalter und Leerlaufgeber machen sich sofort bemerkbar und werden daher nicht übersehen.

- Stromlaufplan des Zündsystems siehe **Bild 89**.
- Zum Prüfen der elektrischen Widerstände braucht man die Zündungsbauteile nicht auszubauen. Eine Ausnahme bildet der Sekundärkreis der Zündspule.

7.1 Ausbau

- Ausbau der Zündspulen *siehe Kapitel 3.5*.
- Ausbau des Impulsgebers: Tank, untere Verkleidung und rechtes Mittelteil ausbauen, *siehe Kapitel 3.2*. Impulsgeberdeckel, rechts auf der Kurbelwelle (**Bild 90**), abschrauben und Impulsgeberbefestigung A (**Bild 91**) lösen. Gummitülle vorsichtig aus der Aussparung nehmen. Steckverbinder B (**Bild 92**) trennen und blaurotes Kabel vom Öldruckschalter abklemmen.
- Ausbau des Drosselklappensensors: Vorsicht, der Drosselklappensensor ist mit einem Kawasaki-Spezialkabeladapter Nr. 57001–1400 genau justiert und sollte daher nicht einfach ausgebaut werden. *Siehe auch Kapitel 7.2.*
- Ausbau des Temperatursensors. Der Temperatursensor sitzt hinten im Zylinderkopf etwa zwischen den beiden rechten Vergasern. Kühlflüssigkeit ablassen, Sitze, Tank und Steckverbindung entfernen, Temperatursensor herausschrauben.
- Ausbau der Zündbox: sie ist leicht unter der hinteren Verkleidung zu finden. Losschrauben und dann den umfangreichen Steckverbinder abnehmen (**Bild 93**).
- Ausbau und Kontrolle der Benzinabsperrventile *siehe Kapitel 4.2*.

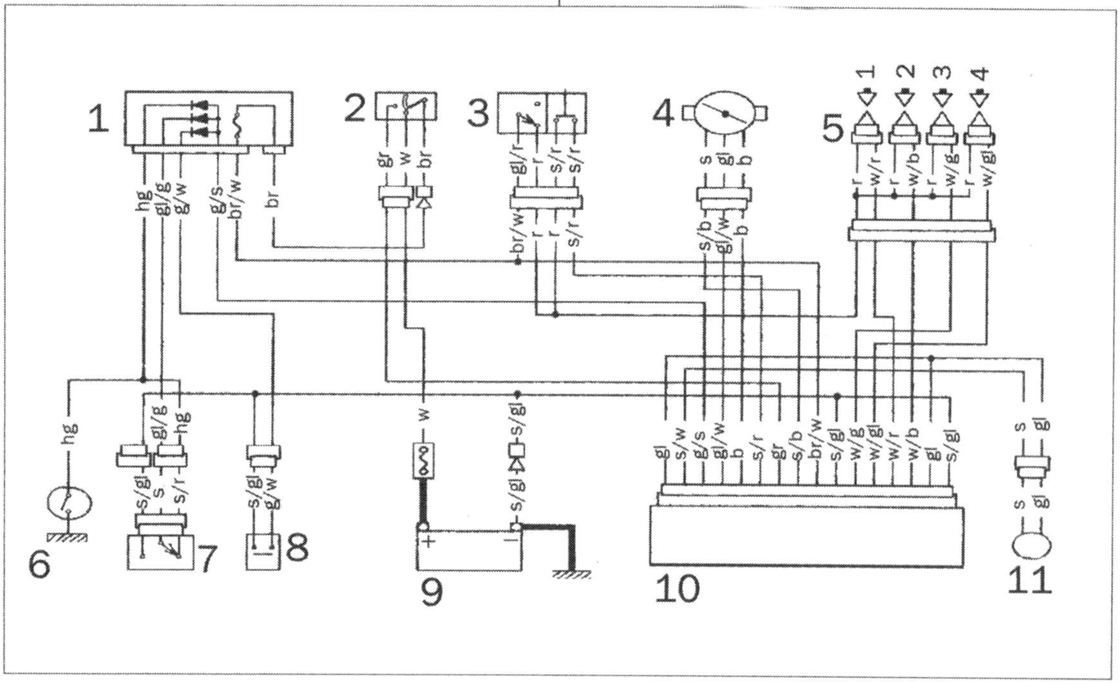

Bild 89
Stromlaufplan Zündsystem
1 Verteilerkasten
2 Zündschloss
3 Not-Off- und Startknopf
4 Drosselklappensensor
5 Zündspulen mit Kerzen
6 Leerlaufschalter
7 Kupplungshebelschalter
8 Seitenständerschalter
9 Batterie
10 Digitalzündbox
11 Impulsgeber

TIPP Fingerzeig
Exakt messen

7.2 Prüfen und Vermessen

7.2.1 Prüfung des Drosselklappensensors

- Funktion: Der Sensor besteht aus einem Potentiometer, dessen Läufer mit der Drosselklappenwelle verbunden ist. Der Schleifring ist in seiner Position am Vergasergehäuse einstellbar.
- Prüfen: Die Spannung des Sensors bei warm gelaufenem Motor und korrekt eingestelltem Leerlauf von 1100 Umdrehungen ist durch das Messen der Spannung zwischen dem schwarzen und dem gelben Kabel des Sensors zu prüfen. Kawasaki verwendet dazu einen speziellen Kabeladapter (Nr. 57001–1400). Es geht jedoch auch mit Messspitzen, die in die betreffenden Kabel gepiekt werden. Der Sollwert ist 1 Volt (Toleranz ± 0.1 Volt).
- Falls dieser Wert nicht stimmt, kann man ihn durch Verdrehen des Sensorgehäuses, relativ zum Vergaser, einstellen. Beim Vollgasanschlag muss er dann 4,16 ± 0,1 Volt bringen. Im gesamten Verstellbereich dazwischen darf der Sensor keinen Wackelkontakt haben, das heisst, er muss die Spannung ganz kontinuierlich und ohne Aussetzer steigern, sonst ist er defekt und muss ausgetauscht werden.

7.2.2 Prüfung des Temperatursensors

- Mit einem Multimeter, Messbereich Widerstand 20 Kiloohm, und einem Wasserbad mit einem möglichst genauen Thermometer kann man den Temperatursensor prüfen:
  50 Grad Celsius 9,18 bis 9,94 Kiloohm
  80 Grad Celsius 2,50 bis 3,06 Kiloohm
  120 Grad Celsius 0,65 bis 0,73 Kiloohm (kann nur in Öl gemessen werden)

7.2.3 Prüfung des Impulsgebers

- Beim Impulsgeber wird zuerst der ohmsche Widerstand gemessen. Steckverbindung A, **Bild 92,** trennen und zwischen den Pins des schwarzen und gelben Kabels messen: Sollwert 375 bis 565 Ohm.

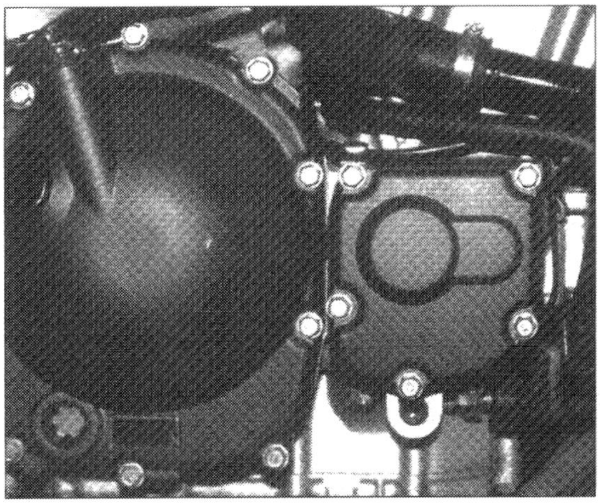

Bild 90
Impulsgeberdeckel rechts auf der Kurbelwelle

◄ Bild 91
Impulsgeberbefestigung
A Schrauben

Bild 92
Die Steckverbindung (B) des Impulsgebers

▼ Bild 93
Eigenbau Spitzenspannungsadapter

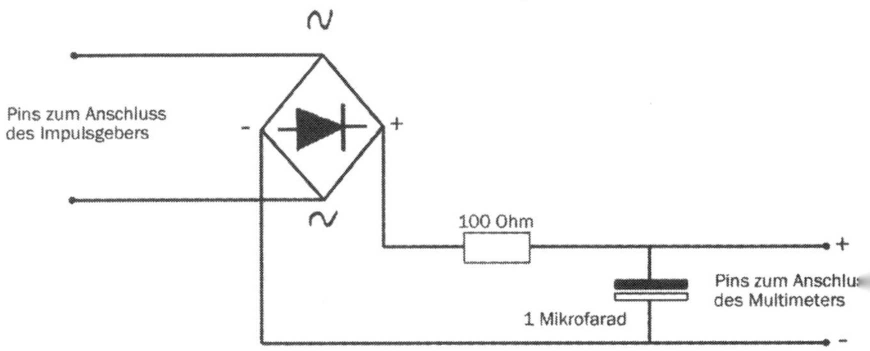

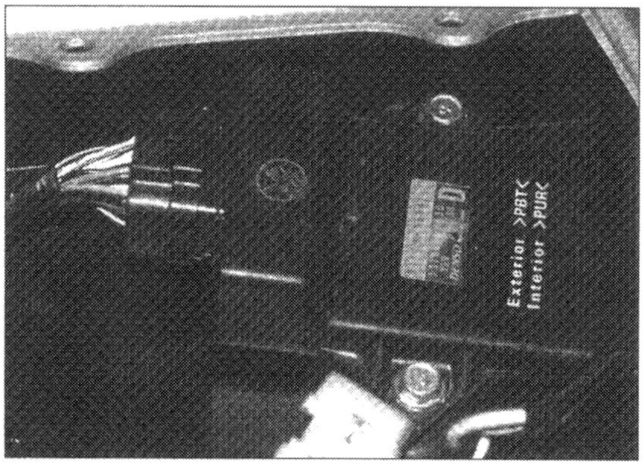

Bild 94
Die Zündbox neben dem Startrelais

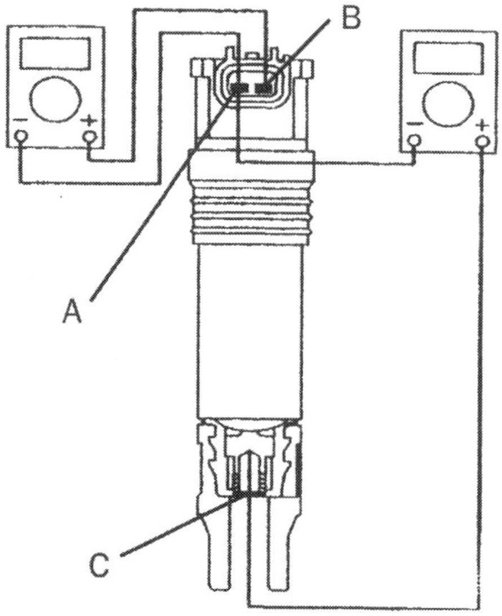

Bild 95
Zündspulentest
Primärwiderstand zwischen Pins A und B messen;
Sekundärwiderstand zwischen A und C.

- Nun wird auf Masseschluss geprüft: den höchsten Widerstandsmessbereich einstellen und einen der beiden Pins gegen Fahrzeugmasse messen, hier darf nichts angezeigt werden.
- Mit einem Spitzenspannungsadapter kann man die Betriebsspitzenspannung des Impulsgebers, zwischen dem schwarzen und dem gelben Kabel messen. Der Mindestwert bei 5 Versuchen mit jeweils 4 bis 5 Sekunden Starterbetätigung ist laut Kawasaki 3,6 Volt. Ohne Spitzenspannungsadapter entspricht das etwa 2,4 Volt im Wechselspannungsbereich (AC-V) des Digitalmultimeters.
- Legt man Wert auf diese Messung, kann man sich leicht einen Spitzenspannungsadapter bauen. Im Elektronikbauteilehandel bekommt man einen Brückengleichrichter (1 Ampere 250 Volt) einen Elektrolytkondensator (1 1/2F, 250 Volt) und einen Widerstand (100 Ω, 0,5 Watt). Schaltung siehe Zeichnung **Bild 93**.

7.2.4 Prüfung der Zündspulen

- Die Zündspulen müssen zur Prüfung ausgebaut werden. Hierzu Tank und Luftfiltergehäuse entfernen, *siehe Kapitel 3.2 bis 3.5.*
- Primär messen wir im niedrigsten Widerstandsmessbereich des Multimeters den ohmschen Widerstand zwischen den beiden Pins A und B (**Bild 95**). Hier sollten zwischen 0,85 und 1,15 Ohm zu messen sein.
- Sekundär misst man zwischen Pin A und Pin C (**Bild 95**). Hier brauchen wir den entsprechenden Messbereich für den korrekten Wert zwischen 9,2 und 13,8 Kiloohm.

TIPP Eine Zündspule arbeitet induktiv. Das bedeutet hier, dass nicht alle möglichen Funktionsstörungen durch die Widerstandsprüfung ans Licht kommen. Die Spule kann obige Messwerte aufweisen und trotzdem defekt sein. Bei Unklarheiten kann ein Probeaustausch der Zündspulen zwischen den einzelnen Zylindern Aufschluss geben.

7.2.5 Prüfung der Zündspulen – Primär-Spitzenspannung

- Kawasaki empfiehlt hier die Messung der, in die Primärwicklung der Zündspule zurückinduzierte, Zündfunkendurchschlagspannung. Hierzu sind eine neue Zündkerze, ein Kabeladapter Kawasaki Nr. 57001–1449, ein Spitzenspannungsadapter *wie in Kapitel 7.2.3* und der Ausbau sämtlicher Zündspulen erforderlich.
- Den Kabeladapter kann man wieder durch Anpieken der Primärleitungen ersetzen und den Spitzenspannungsadapter eventuell durch den Einsatz eines sehr guten und flinken Analoggleichspannungsmessgerätes oder durch ein Multimeter mit hoher Abtastrate und einem Bargraphen. Es wird dann zwar nicht der Spitzenspannungswert von 96 Volt oder mehr angezeigt, sondern deutlich weniger, je nach Messgerät.
- Erreicht die Messung nicht die angegebenen Werte, ist entweder der Induktivgeber oder die digitale Zündbox oder die Zündspule defekt. Das ist nun nicht sehr aussa-

gekräftig, aber, wenn der Wert erreicht wird, hat man eine definitiv positive Aussage über die Induktivität der Zündspule.

7.2.6 Prüfung der sonstigen Steuersignale der digitalen Zündbox

- Betriebspannung: Steckverbindung der Zündbox abziehen und am Stecker die beiden Pins der braunweissen (+) und der schwarzgelben (-) Leitung gegeneinander im Gleichspannungsmessbereich 20 Volt messen. Hier muss bei eingeschalteter Zündung die volle Batteriespannung ablesbar sein.
- Spannung zum Drosselklappensensor: Die Zündbox muss dem Drosselklappensensor eine Spannung von etwa 5 Volt zur Verfügung stellen, sonst ist sie defekt. Gemessen wird bei eingeschalteter Zündung zwischen dem schwarzblauen und schwarzen Kabel an den Pins der abgezogenen Drosselklappensensorsteckverbindung.
- Anlassimpuls zu den Benzinabsperrventilen prüfen. Die Zündbox gibt am Anfang des Startvorgangs einen kurzen Schaltimpuls zu den Benzinabsperrventilen, damit sie nicht mit der Zeit verklemmen. Steckverbinder der Absperrventile abziehen und während der ersten Sekunde des Startens den kurzen Impuls zwischen den beiden Steckerpins messen. Er muss etwa der Batteriespannung entsprechen.
- Spannungslieferung für die Startlogik: Hierbei wird am Steckerpin des schwarzroten Kabels am Verteilerkasten im eingesteckten Zustand gegen Rahmenmasse gemessen. Zündung einschalten, Anlasserknopf drücken: es müssen 5 bis 6,1 Volt Gleichspannung ablesbar sein.
- Seitenständerspannung: Ersten Gang einlegen, Seitenständer in Stellung „On" (entspricht Ausgefahren) bringen, und am Steckerpin des Verteilerkastens das grünschwarze Kabel gegen Masse messen. Beim Starten müssen 6 bis 13,4 Volt Gleichspannung messbar sein.
- Kupplungslogik testen: Ersten Gang einlegen, Seitenständer ausfahren, Kupplung ziehen, Motor starten. Kupplung langsam loslassen: wenn der Motor bei vollständig losgelassener Kupplung nicht ausgeht ist die Zündbox defekt.

7.2.7 Sonstige Störungen der Zündbox

- Da die digitale Zündbox der ZX-9R eine ganze Fülle von Funktionen innehat, ist es nicht möglich alles zu testen. Im Zweifel hilft nur der Probeaustausch.

7.3 Montage

- Drosselklappensensor: Siehe Justage desselben, *Kapitel 7.2.1.*
- Impulsgeber: Anzugsmoment der Befestigungsschrauben 5,9 Nm, Deckelschrauben 10 Nm. Deckel mit neuer Dichtung montieren und die Gummitülle nebst Kurbelgehäusestosszonen mit flüssiger Dichtmasse bestreichen.
- Wassertemperatursensor einbauen: Gewinde mit flüssiger Dichtung behandeln und vorsichtig festziehen: Anzugsdrehmoment 7,8 Nm.
- Alle Steckverbinder sorgfältig auf Korrosion überprüfen, gegebenenfalls reinigen und mit Polfett einbalsamieren.

Kühlsystem und Ölpumpe

Vorsicht! ⚠
Aufgepasst!

8.1 Ausbau

Praktischerweise wird der Ausbau der Ölpumpe hier mitbeschrieben, denn die Wasserpumpe und die Ölpumpe sitzen auf einer gemeinsamen Welle.

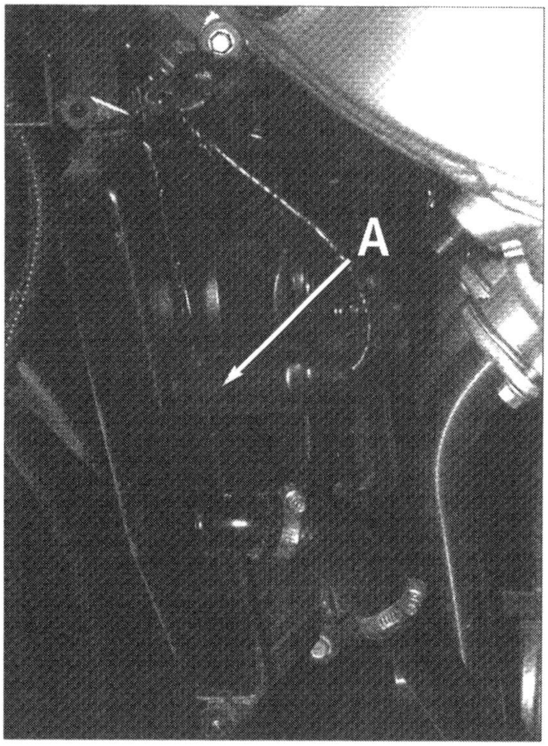

Bild 96
Steckverbindung (A) des Kühlgebläsethermoschalters unter dem Gummi trennen

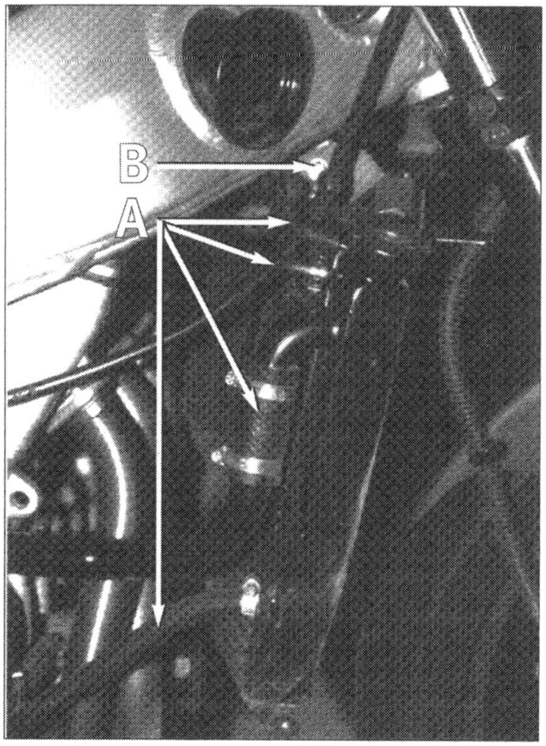

Bild 97
Kühlschläuche (A) abziehen, Befestigung (B) abschrauben

8.1.1 Kühler mit Gebläse ausbauen

- Kühlmittel ablassen, *siehe Kapitel 3.6.*
- Kühler mit Gebläse ausbauen: Sitze, Tank, Luftfiltergehäuse, untere, mittlere und innere Verkleidung ausbauen, siehe Kapitel 3, Steckverbindung des Kühlgebläses trennen (**Bild 96**).
- ⚠ Vorsicht mit dem Kühlgebläse, es kann jederzeit starten, auch wenn die Zündung abgeschaltet ist. Steckverbindung trennen, bevor die Finger in den Lüfter greifen.
- Auf der rechten Seite die Kühlschläuche A und die Befestigungsschraube B entfernen (**Bild 97**).
- Auf der linken Seite die Steckverbindung des Gebläsetemperaturschalters A, den Kühlschlauch B und die Befestigungsschrauben C entfernen (**Bild 98**).
- Nun kann langsam und sehr vorsichtig der Kühler herausgezogen werden.
- ⚠ Vorsicht, den Kühler im Bereich der Lamellen möglichst nicht berühren. Die dünnen Lamellen verbiegen sich sofort und behindern dann den Luftdurchsatz. Sie müssen dann sorgfältig geradegebogen werden, siehe **Bild 99**.

8.1.2 Thermostatventil, Temperaturschalter und Temperatursensor ausbauen

- Das Thermostatventil sitzt in seinem Gehäuse am Zylinderkopf hinten, etwa zwischen den beiden rechten Vergasern.
- Die drei Schrauben für den Deckel entfernen, Deckel abnehmen und das Thermostatventil herausnehmen.
- Den Temperaturschalter des Gebläses vorsichtig vom Kühler abschrauben.
- Temperatursensor: Ausbau und Prüfung *siehe Kapitel 7 Zündung.*

8.1.3 Wasserpumpe und Ölpumpe ausbauen

- Kühlflüssigkeit und Motoröl ablassen. *Siehe Kapitel 3 Wartung.*
- Untere Verkleidung abbauen, Wasserschläuche A, Steckverbindung des Leer-

laufgebers B, Befestigungsschrauben des Wasserpumpendeckels und die Schelle entfernen, Deckel abnehmen (**Bild 100**).

- Flügelradschraube und Flügelrad abbauen (**Bild 101**).
- Wasserpumpengehäuse komplett mit Ölpumpendeckel herausziehen, am besten mit Hilfe der wieder angesetzten Flügelradschraube oder einer langen Gehäuseschraube (**Bild 102**).
- Nun kann der innere und äussere Rotor der Ölpumpe herausgezogen werden.

8.2 Prüfen und Vermessen

8.2.1 Kühler

- Verbogene Kühlrippen vorsichtig mit einem kleinen Schraubendreher gerade richten (**Bild 99**).
- Falls Druckluft zur Verfügung steht, vorsichtig durch die Lamellen blasen, sonst mit dem Wasserstrahl.

8.2.2 Thermostatventil und Ventilatorthermostat

- Das Thermostatventil muss bei Zimmertemperatur geschlossen sein. Zur Prüfung der Öffnungstemperatur wird das Thermostatventil, wie in **Bild 103** zu sehen, in ein Wasserbad gehängt. Bei 58 bis 62 Grad Celsius muss es beginnen sich zu öffnen. Falls es das nicht oder zu spät tut, muss es ausgewechselt werden.
- Auch der Ventilatorthermostat wird im Wasserbad geprüft. Das Digitalmultimeter wird auf Durchgangsprüfung geschaltet und mit Klemmen an die Kontakten des Schalters gehängt. Niederohmiger Durchgang (weniger als 0,5 Ohm) muss frühestens bei 96, spätestens aber bei 100 Grad Celsius messbar sein. Kühlt das Wasser wieder ab, sollte bei 91 Grad Celsius der Kontakt wieder unterbrochen werden.
- Temperatursensor: Prüfung *siehe Kapitel 7.2.2.*

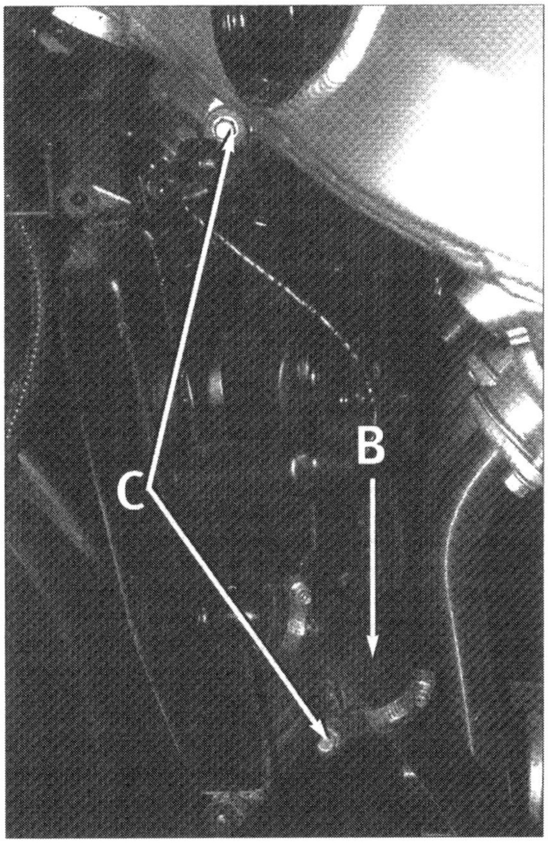

◄ Bild 98
Schlauch (B) abziehen, Befestigungen (C) lösen

Bild 99
Kühlrippen (1) geradebiegen

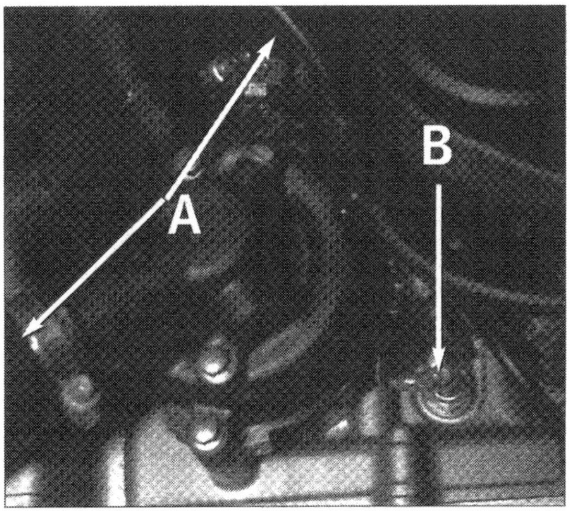

Bild 100
Wasserpumpe
A Wasserschläuche
B Steckverbindung

Bild 101
Flügelrad abschrauben
A Flügelrad
B Schraube

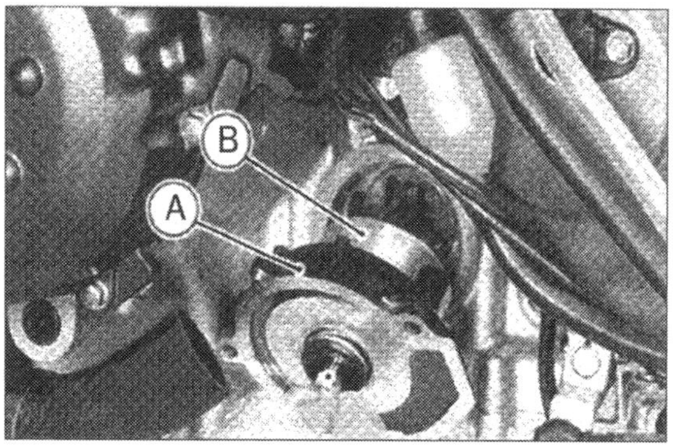

Bild 102
Wasserpumpengehäuse (A) und Öldeckel (B) miteinander abziehen

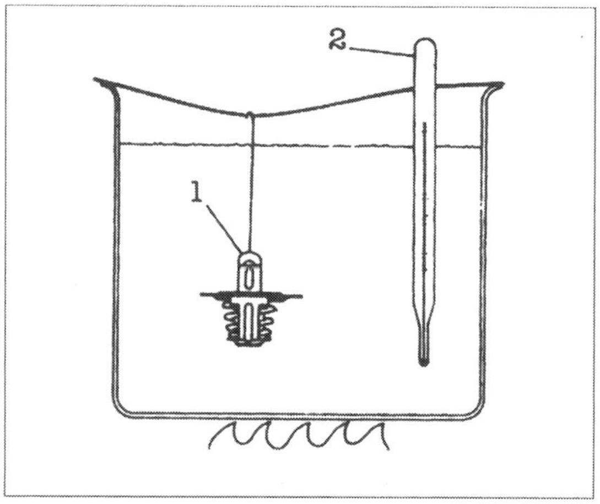

Bild 103
Thermostatventil prüfen
1 Thermostatventil
2 Thermometer

Bild 104
Wasserpumpe von unten. Öffnung (A) auf Kühlmittelaustritt untersuchen.

8.2.3 Wasser- und Ölpumpe

- Wasserpumpe prüfen: Im eingebauten Zustand wird kontrolliert, ob aus der Öffnung an der Unterseite (**Bild 104**) Kühlflüssigkeit austritt. Wenn ja, muss die Pumpe ausgetauscht werden. Ansonsten wird die Pumpe auf Flügelradbeschädigungen, Rost und Riefen im Gehäuse kontrolliert.
- Ölpumpe prüfen: Die Ölpumpe wird an allen Flächen auf starke Riefen untersucht. Kawasaki schreibt eine Öldruckkontrolle vor: Ölkanalverschlussschraube unter dem Deckel des Impulsgebers, an der Kurbelwelle rechts (**Bild 105**), herausdrehen und Öldruckmessgerät einschrauben. Motor starten und bei 90 Grad Öltemperatur mit 4000 /Minute laufen lassen. Der Öldruck muss über 120 Kilopascal (1,2 bar) kommen. Ansonsten ist entweder die Ölpumpe defekt oder eine öldruckversorgte Lagerstelle im Motor verschlissen. Beim Abbau des Messgerätes auf heisses Öl achten: Verbrennungsgefahr! Verschlussschraube mit flüssiger Dichtung montieren.

8.3 Montage

8.3.1 Thermoschalter und Thermostatventil

- Kühlgebläsethermoschalter mit flüssiger Dichtung montieren (18 Nm).
- Thermostatventil einbauen, Anzugsdrehmoment der Gehäuseschrauben 11 Nm.

8.3.2 Ölpumpe

- Alle Ölpumpenteile vor der Montage einölen. Auf intakten O-Ring achten. Die Ölpumpenwelle muss in den Mitnehmer tief im Motorgehäuse eingreifen und der Mitnehmerstift der Welle muss den Innenrotor antreiben (**Bild 106**).
- Der Stift im Pumpengehäuse muss auf die Bohrung im Kurbelgehäuse ausgerichtet werden.

8.3.3
Wasserpumpe

- Das Wasserpumpengehäuse möglichst mit neuem O-Ring aufsetzen, dabei auf die Passhülsen im Motorgehäuse achten, sie kommen in die Verschraubungsbohrungen des Wasserpumpengehäuses.
- Danach Flügelrad montieren und festschrauben (10 Nm). Den Wasserpumpendeckel mit 11 Nm anziehen.

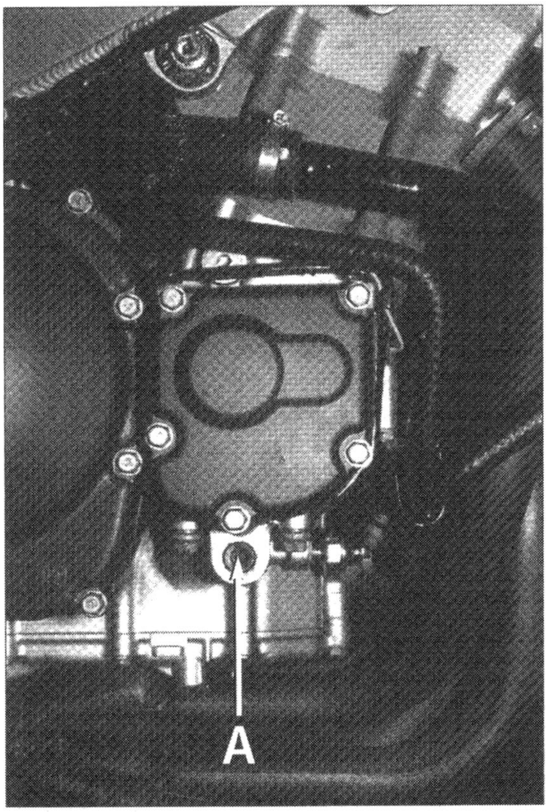

Bild 105
Ölkanalverschlussschraube (A). Öldruck hier messen.

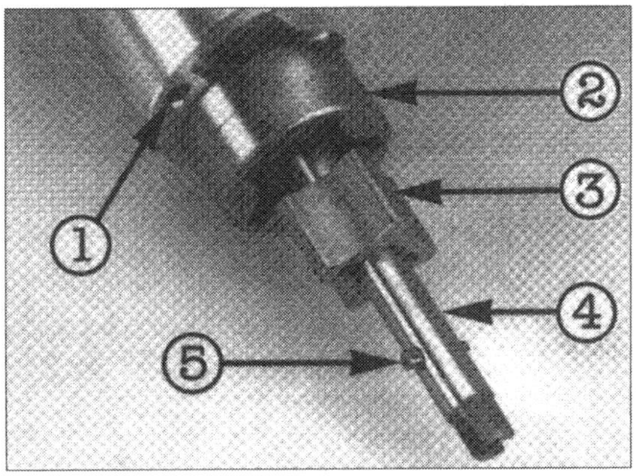

Bild 106
Ölpumpenwelle
1 Passstift-Bohrung
2 Aussenrotor
3 Innenrotor
4 Welle
5 Mitnehmerstift

Kupplung und Schaltautomat

9.1 Ausbau

9.1.1 Kupplung

- Motoröl ablassen, untere und mittlere Verkleidung rechts abbauen, Kupplungszug am Kupplungsdeckel aushängen und die Schrauben des Deckels lösen. Kupplungsausrückhebel etwa 90 Grad gegen den Uhrzeigersinn drehen und Kupplungsdeckel abnehmen (**Bild 107**).

TIPP Den Ausrückhebel nur wenn unbedingt erforderlich aus dem Deckel ausbauen!

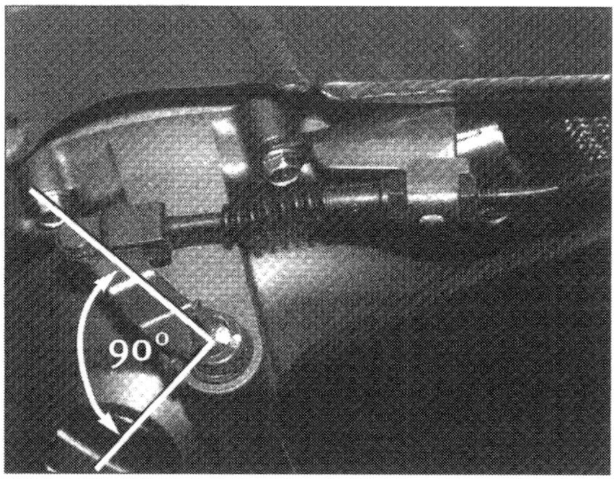

Bild 107
Kupplungsdeckel. Hebel nach hinten schwenken und Deckel abnehmen.

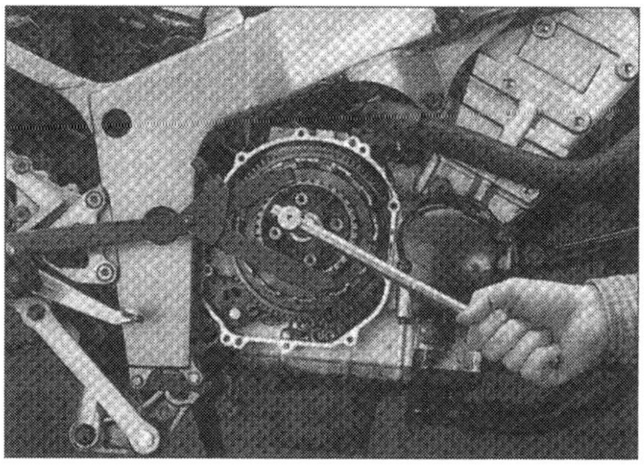

Bild 108
Einsatz des Kupplungshaltewerkzeugs. Klinken exakt gegenüber einrasten lassen.

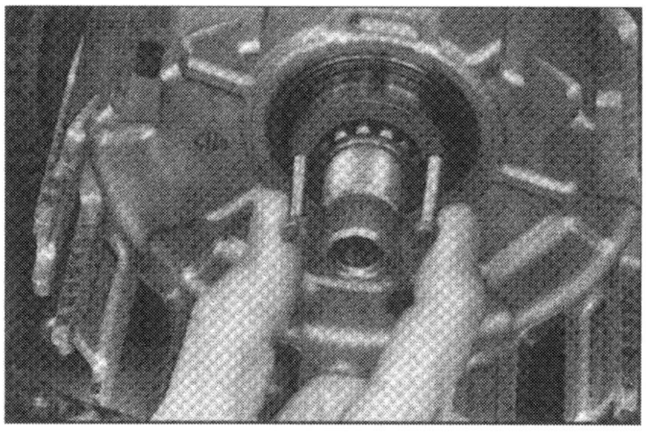

Bild 109
Hülse Kupplungskorb

- 5 Kupplungsfederbolzen abschrauben und die Federplatte mit dem Druckpliz abnehmen. Kupplungsscheiben am Stück entnehmen, sie kleben gut zusammen.
- Um die Kupplung komplett auszubauen, muss nun die Kupplungsnabenmutter gelöst werden. Das geht mit dem Kawasaki-Spezialwerkzeug Nr. 57001–1243 (**Bild 108**) oder mit einem Druckluftschrauber.

⚠ Steht beides nicht zur Verfügung, darf man keinesfalls versuchen, mit irgendwelchen schräg angesetzten Stangen die Nabe zu blockieren, denn die Kranzsegmente des Aussenkorbs brechen sehr schnell ab. Man kann sich mit einem Kantholz behelfen, das zum Blockieren zwischen die Speichen am Hinterrad gesteckt wird. Nun legt man den sechsten Gang ein und öffnet die Mutter.

- Innenkorb abnehmen und mit zwei 4-Millimeter-Schrauben wird die Hülse A (**Bild 109**) mit dem Nadellager herausgezogen. Jetzt kann der äussere Kupplungskorb herausgefädelt werden.

9.1.2 Schaltautomat

- Auf der anderen Seite die Umlenkung des Schaltgestänges von der Schaltwelle abschrauben, die Schaltwelle säubern und die Verzahnung mit Paketklebeband dünn abdecken. Das schont den Simmering im Gehäuse. Die Ölleitung A (**Bild 110**) mit den Schrauben B abschrauben, O–Ringe nicht verlieren. Die Federratsche A (**Bild 111**) muss nun gegen die kleine Feder nach rechts geschoben werden, um die Schaltwelle B herauszuziehen.
- Das Zerlegen des Schaltmechanismus wird in *Kapitel 13 Kurbelgehäuse* und *Kapitel 15 Getriebe* weiter beschrieben.

9.2 Prüfen und Vermessen

9.2.1 Kupplung

- Kupplungsscheiben komplett in Dieselöl, Terpentin oder Kaltreiniger reinigen.

TIPP Bei Durchrutschproblemen der Kupplung

hilft meist schon blosses Reinigen.

- Dicke der Reibscheiben messen. Neu: 2,7 Millimeter, Verschleissgrenze 2,2 mm (**Bild 112**).
- Verzug der Stahlscheiben auf einer Richtplatte oder einem dicken Spiegel messen. Toleranz maximal 0,3 Millimeter (**Bild 113**).
- Freie Länge der Kupplungsfedern messen. Verschleissgrenze: 69,9 Millimeter.
- Kupplungsscheibenstapelmass messen. Das Stapelmass der Kupplung ist wichtig für die optimalen Arbeitspunkte sämtlicher Betätigungshebel und der Federn. Dazu muss die Kupplung zusammengebaut und die Federbolzen angezogen werden, *siehe Einbau der Kupplung 9.3.1*. Der gesamte Stapel soll nun zwischen 48.4 und 49 Millimeter messen (**Bild 114**). Befindet man sich ausserhalb dieser Toleranz, gibt es bei Kawasaki Über- und Untergrössen von Stahlscheiben. (Norm 2.3; dicker 2.6; dünner 2.0 Millimeter)
- Falls man unter der Toleranz liegt, kann man auch neue Reibscheiben kaufen und diese sukzessiv gegen die alten austauschen, bis man in der Toleranz ankommt.
- Flanken der Kupplungskörbe auf übermässige Einkerbungen kontrollieren.
- Ausrückhebelwelle auf Verschleiss an der Druckkante kontrollieren.

TIPP Falls dort Verschleiss vorhanden ist, kann das Stapelmass zum Ausgleich um das fehlende Material vergrössert werden.

- Kupplungsausrücklager auf sauberen Lauf kontrollieren.
- Sämtliche Zähne der Zahnräder auf Verschleiss untersuchen.

TIPP Pitting, das heisst Abplatzungen der Härteschicht an den Zahnflanken sind in gewissem Mass tolerabel. Man sagt, dass bis maximal 10% der Traglinie fehlen dürfen.

9.3 Montage

9.3.1 Schaltautomat

- Der Einbau geschieht in umgekehrter Ausbaureihenfolge.
- Schaltwelle leicht gefettet ins Gehäuse schieben (mit der Klebebandabdeckung

◄ Bild 110
Befestigungsschrauben der Ölleitung

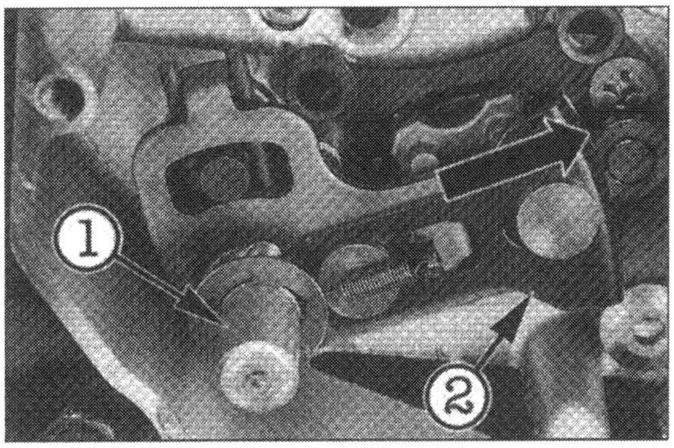

Bild 111
Schaltautomat
1 Schaltwelle
2 Federratsche

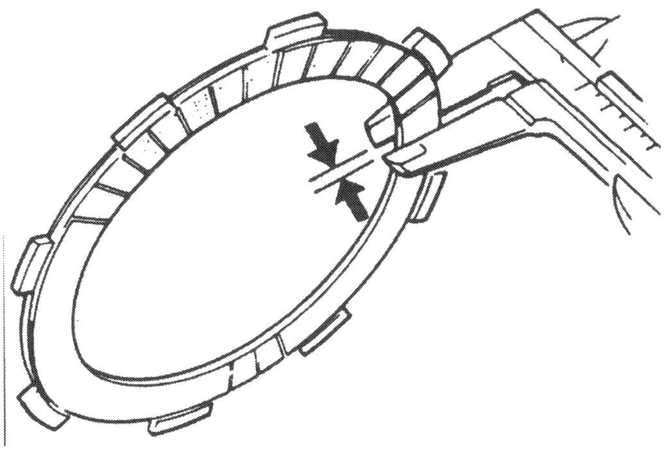

▼ Bild 112
Reibscheibendicke messen
Neu: 2,7 mm
Verschleissgrenze: 2,2 mm

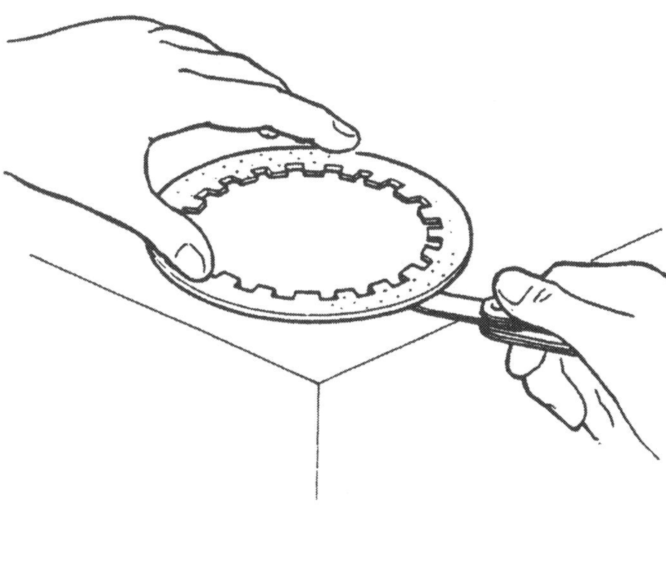

▼▼ Bild 113
Stahlscheibenverzug messen
Verschleissgrenze: 0,3 mm

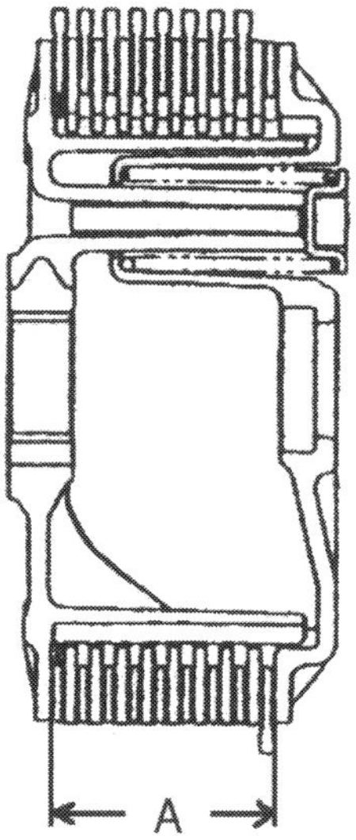

Bild 114
Stapelmass (A) 48,4 bis 49,0 Millimeter

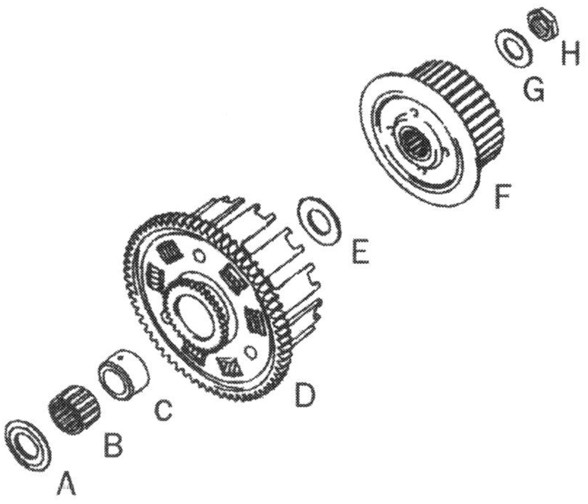

Bild 115
Explosionszeichnung Kupplungskorb

A	Distanzscheibe
B	Nadellager
C	Hülse
D	Kupplungskorb
E	innere Distanzscheibe
F	Innenkorb
G	Unterlegscheibe
H	Mutter

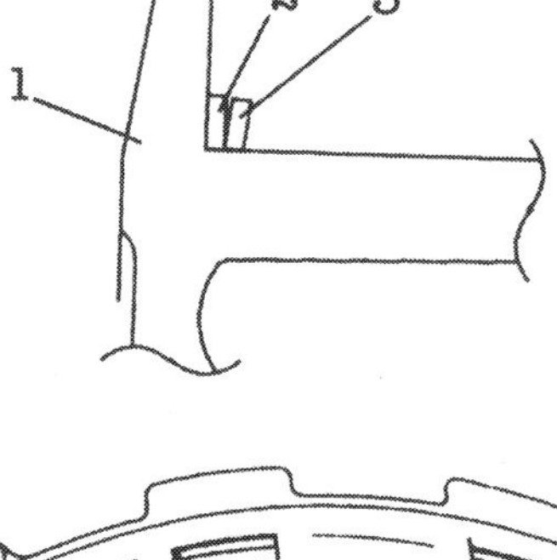

Bild 116
Scheiben einsetzen

1	Kupplungsnabe
2	Federsitz
3	Tellerfeder

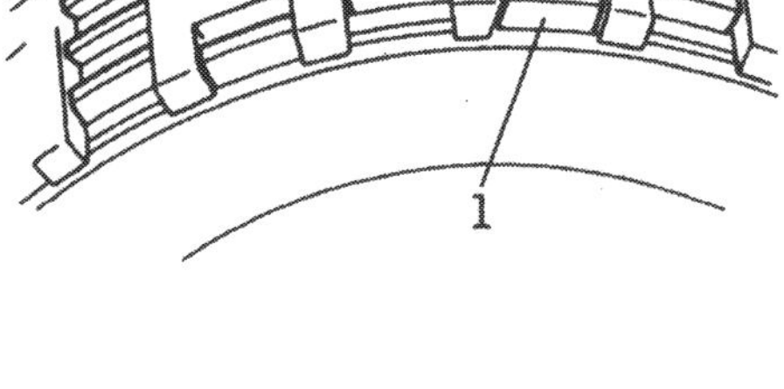

Bild 117
Letzte Scheibe (1) in eigene Nut einsetzen

der Verzahnung), Schaltratsche wieder über den Absatz der Schaltwalze heben und die Schenkelfeder auf den Zapfen im Gehäuse klemmen.

- Ölleitung montieren, O-Ringe nicht vergessen, und mit 12 Nm festziehen.
- Paketklebeband entfernen und Umlenkung wieder auf die Schaltwelle montieren.

9.3.2 Kupplung

- Distanzscheibe mit dem Absatz nach innen zuerst auf die Welle schieben. Dann folgen Korb, Nadellager und Hülse leicht gefettet.
- Innere Distanzscheibe montieren und Innenkorb aufsetzen. Danach die Unterlegscheibe wie Aufdruck „OUT SIDE“ verlangt, aufschieben und Kupplung mit einer neuen Mutter auf 135 Nm festziehen. Gegenhalten wie gehabt (**Bild 115**).
- Kupplungsscheiben leicht einölen.
- In den Innenkorb werden Anlaufscheibe und Tellerfeder eingelegt, **Bild 116**. Dann werden Belagscheiben und Stahlscheiben immer abwechselnd eingebaut, wobei unbedingt mit einer Belagscheibe begonnen werden muss! Die letzte Reibscheibe wird versetzt in die Aussparungen des Aussenkorbs eingebaut, **Bild 117**.
- Ausrücklager, Scheibe und Druckpilz leicht fetten und in die Federplatte einlegen.
- Federplatte auf die Kupplung setzen und mit Federn, Scheiben und Bolzen montieren (8,8 Nm).
- Dichtflächen des Kupplungsdeckels und des Kurbelgehäuses reinigen, im Bereich der Stosskanten mit flüssiger Dichtung behandeln, Passhülsen setzen und den Deckel mit neuer Dichtung montieren. Dabei muss der Ausrückhebel so in den Druckpilz greifen, dass er ihn ziehen kann.
- Kupplungszug wieder einhängen und Kupplung einstellen. Öl gegebenenfalls nachfüllen.

Motor

10.1 Ausbau

- Zum Ausbau der Nockenwellen ist der Ausbau des Motors nicht notwendig. Zur Demontage des Zylinderkopfes, des Zylinders und zum Trennen der Kurbelgehäusehälften ist der Motorausbau zwingend erforderlich.
- Motorrad an der Schwinge sicher aufbocken und Vorderradbremse mit Kabel-

Bild 118
Motor hier mit einem Scherenwagerheber unterstützen

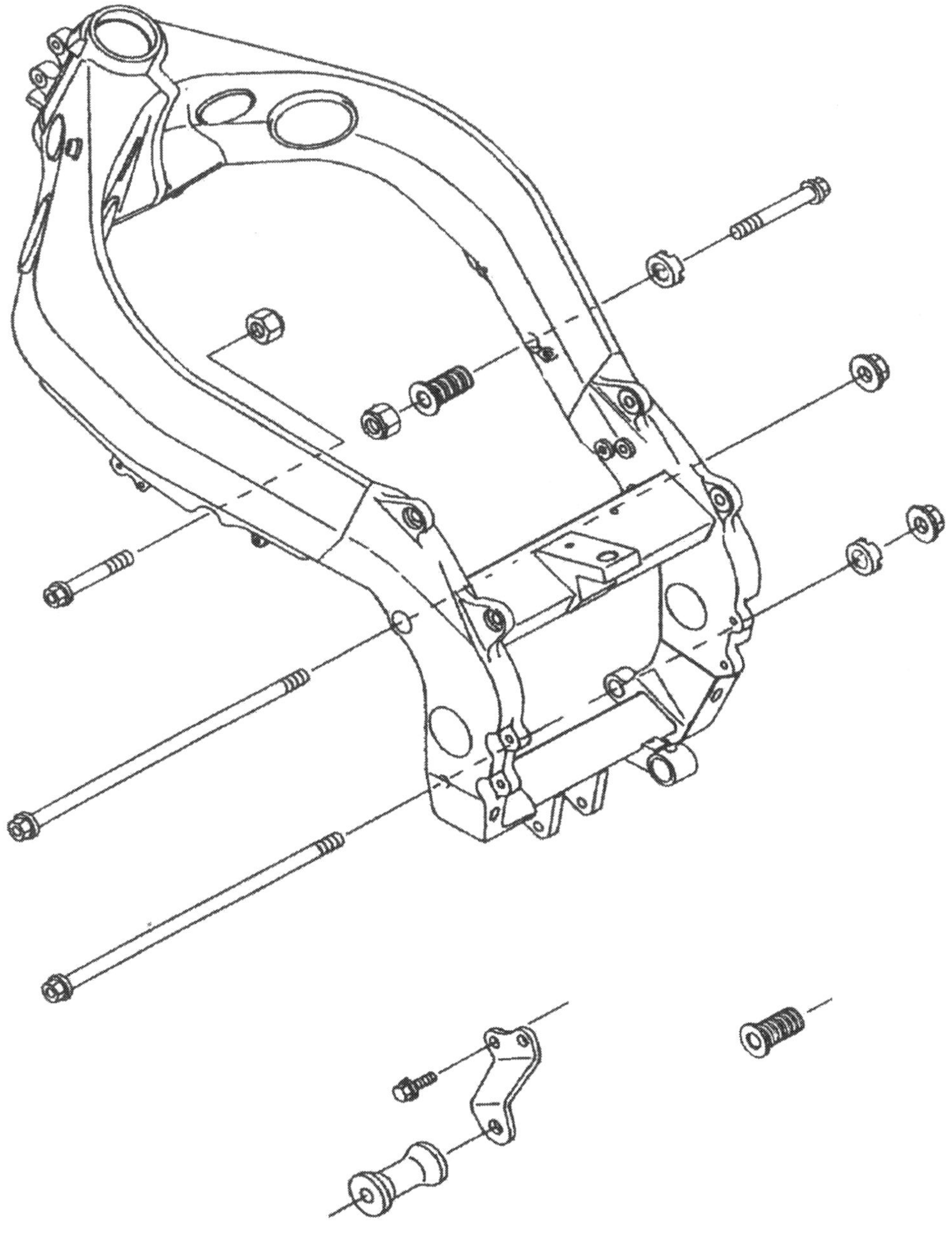

Bild 119
Motorbefestigungsteile

binder oder Ähnlichem fixieren. Motoröl und Kühlmittel ablassen, untere und mittlere Verkleidung sowie Tank, Luftfiltergehäuse, Ölfilter, Ölkühler, Zündspulen und Vergaser demontieren.

- Zündspulenkabelblech am Zylinderkopfdeckel, Benzinpumpe mit Filter, Kühler, Auspuffanlage und Schalthebel demontieren.
- Kupplungszug unten aushängen, Kühlmittelausgleichsbehälter, Ritzelabdeckung mit Geschwindigkeitsgeber und Ritzel ausbauen.
- Folgende Steckverbindungen oder Kabel trennen:
  –Impulsgeber mit Öldruck, Batteriemassekabel, Anlasserplusleitung,
  –Lichtmaschinen und Leerlaufleitung, Seitenständerleitung,
  –Geschwindigkeitsgeber und Hinterradbremslichtschalter.

TIPP Das Hantieren mit dem schweren Motor wird einfacher, wenn man Starter, Lichtmaschinenstator und Rotor ausbaut.

- Den Motor in der Einbuchtung der Ölwanne mit Scherenwagenheber A (**Bild 118**) untermauern und die Schraubverbindungen entlasten.
- Motorbefestigungsschrauben B (**Bild 119**) lösen. Nun muss die Antriebskette von der Getriebewelle genommen werden. Motor nach unten ablassen, dabei gut stützen und darauf achten, dass der Rest des Motorrads nicht instabil wird.

10.2 Einbau

- Der Einbau geschieht im Wesentlichen in umgekehrter Reihenfolge des Ausbaus.
- Den Motor mit Hilfe des Wagenhebers auf die Aufhängepunkte ausrichten, dabei die Antriebskette über die Antriebswelle bringen, bevor der Motor in die endgültige Position kommt. Baut man den selben Motor wieder ein, passt die Distanzierung. Anzugsmomente Bolzen 44 Nm, Haltewinkelschrauben 25 Nm.
- Wird ein Ersatzmotor eingebaut, muss derselbe eindistanziert werden, damit der Leichtmetallrahmen nicht unter Spannung steht. Hierzu ist das Kawasaki-Spezialwerkzeug Nr. 57001–1450 vonnöten. Man kann hierbei schlecht improvisieren, ohne die Nuten der Verschraubung zu beschädigen.
- Eindistanzieren: Motor an der unteren Befestigung linksseitig bündig halten und rechts die Distanzierungshülse unter der Kontermutter so verstellen, dass kraftlos ein Spiel von 0 Millimetern hergestellt wird. Kontermutter mit 49 Nm und untere Verschraubung mit 44 Nm festziehen. Bei der anderen Distanzierhülse verfährt man entsprechend. Anzugsmoment der Haltewinkelschrauben 25 Nm.
- Sämtliche Befestigungsteile verwenden, siehe **Bild 119**.
- Auspuffanlage mit neuen Flammringen und Dichtungen montieren, alle mit 34 Nm festziehen.
- Sämtliche Elektrikverbindungen wieder herstellen, *siehe 10.1 Ausbau des Motors*.
- Keilnabenprofil der Getriebewelle vor dem Montieren des Ritzels mit Kupferpaste einstreichen.
- Sicherungsscheibe erneuern, Mutter mit 125 Nm festziehen und die Unterlegscheibe einseitig an die Mutter hochbiegen.
- Kettendurchhang kontrollieren, falls nötig einstellen.
- Alles wieder einbauen, am Ende Öl und Kühlwasser einfüllen und die Batterie anschliessen.
- Falls der Motor neue Kolben oder Ähnliches bekommen hat, müssen die ersten Kilometer vorsichtig gefahren werden, das heisst ohne den Motor zu quälen.

Zylinderkopf

11.1 Ausbau

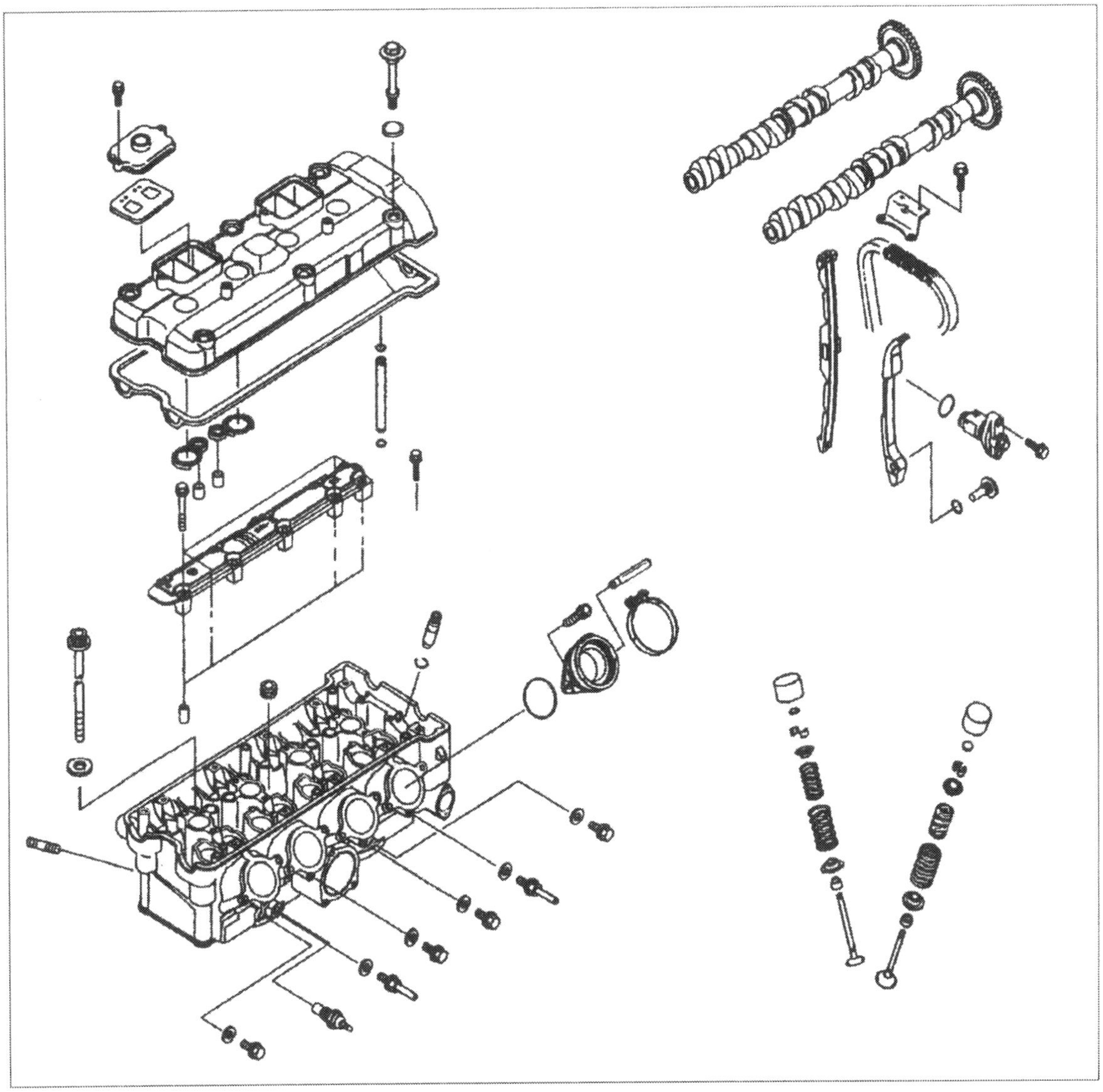

Bild 120a Explosionszeichnung Zylinderkopf

⚠ Der Zylinderkopf kann nur bei ausgebautem Motor abgebaut werden.

⚠ Beim Zerlegen des Zylinderkopfs ist darauf zu achten, dass alle Teile wieder an die ursprüngliche Stelle gebaut werden. Das gilt für Tassenstössel, Einstellscheiben, Ventile, Keile, Ventilfedern und Federteller.

- Motor ausbauen (Kapitel 10).
- Nockenwellen und Tassenstössel (nummeriert) ausbauen *(Kapitel 3.7.2)*.
- Zylinderkopfschrauben innen A und Sechskantschrauben aussen B (**Bild 120**) im ersten Durchgang eine halbe Umdrehung öffnen, dann ganz entfernen.
- Zylinderkopf nach oben abnehmen und auf die Passhülsen achten. Falls der Zylin-

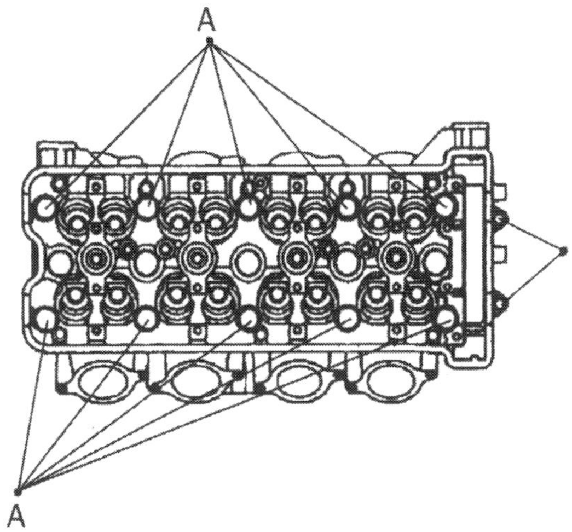

Bild 120 Zylinderkopfschrauben (A) und (B) lösen

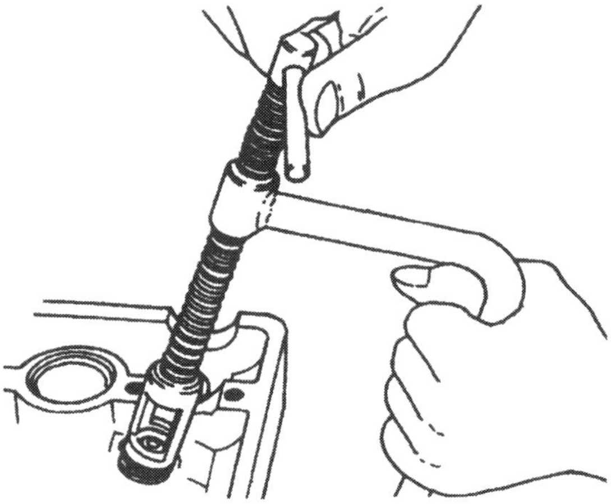

Bild 121
Ventildemontage

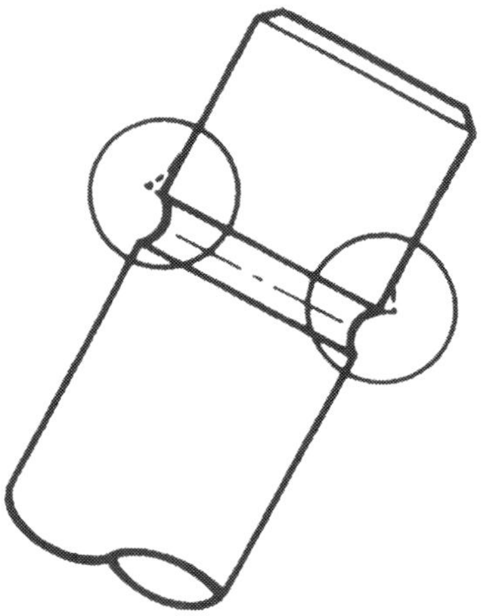

Bild 122
Grate und Aufwerfungen mit feinem Ölstein glattbügeln

Bild 123
Ventilspiel prüfen

derkopf festgebacken ist, helfen leichte Schläge mit dem Schonhammer im Bereich der Ansaugöffnungen.

11.1.1
Ventile ausbauen

- Ventilfedern mit Spezialwerkzeugen, Kawasaki Nr. 57001-214 Zwinge, -1202 Einlassventiladapter und -1154 Auslassventiladapter, nur so weit zusammendrücken, dass die Keile herausfallen oder mit einer Spitzzange entnommen werden können (**Bild 121**).
- Vor dem Herausziehen der Ventile eventuelle Aufwerfungen oder Grate an den Keilnuten mit einem feinem Ölstein entfernen, da sonst die Ventilführungen beschädigt werden (**Bild 122**).
- Ventilschaftdichtungen bei Bedarf mit Spitzzange abziehen.
- Brennräume und Ventilböden mit Schaber entkohlen.

11.2
Prüfen und Vermessen

- Steuerkettenschienen auf Verschleiss und Beschädigungen kontrollieren.
- Bereich zwischen Ventilsitzen und Kerzenlöchern auf Risse kontrollieren.
- Mit dem Haarlineal wird die Dichtfläche des Zylinderkopfs in allen Richtungen auf Verzug geprüft (Toleranz 0,05 Millimeter). Gegebenenfalls mit Schleifpapier, das auf einer planen Platte aufgeklebt ist, planen. Körnung erst 200, dann 400.
- Ventilschaftenden auf Verschleiss und Aufwerfungen kontrollieren (**Bild 122**).
- Jedes Ventil auf Verbiegung, Kratzer und Verschleiss untersuchen.
- Ventildichtflächen sowohl am Ventil, als auch am Zylinderkopf auf glattes Tragbild untersuchen.
- Spiel der Ventile in ihrer Führung kontrollieren. Mit etwas Motoröl wird das Ventil in seine Führung geschoben und gefühlt, ob es zu viel Spiel hat, oder gar knackt (**Bild 123**). Man bekommt schnell ein Gefühl dafür, wenn man bei einem Ventil mit der Messuhr nachmisst: Einlassventile dürfen maximal um 0,35 Millimeter kippen, Auslassventile um 0,45.
- Hat die Führung zu viel Spiel, hilft oft ein neues Ventil. Falls das nicht ausreicht, wird die Ventilführung getauscht und der Ventilsitz gefräst. Diese Arbeit sollte man den Spezialisten überlassen.
- Die Dichtheit der Ventilsitze wird mit Dieselöl, Terpentinersatz oder notfalls auch mit Kaltreiniger kontrolliert. Kapillare Feuchtigkeit darf sich um den Ventilsitz zeigen, es darf aber nichts durchrinnen (**Bild 124**).
- Dichten die Ventile nicht tadellos, müssen die Sitze geläppt werden. Dazu ist Läpp-

paste in grob und fein vonnöten und ein Läppsauger, mit dem das Ventil wie ein Quirl hin und hergedreht wird.

⚠ Läpppaste allerdünnst auftragen und nicht in die Ventilführungen bringen!

- Nach dem Läppen wird die Ventilsitzbreite gemessen (**Bild 125**), Toleranz 0,5 bis 1.0 Millimeter. Ist der Sitz zu schmal, kann er durch Läppen verbreitert werden, ist er zu breit, muss der Sitz vom Spezialisten nachgefräst werden, Fräswinkel 32°, 45° und 60°.

Freie Länge der Ventilfedern messen (**Bild 126**), Minimalwerte:

Auslass, innere Feder:	32,7 mm
Auslass, äussere Feder:	38,1 mm
Einlass, innere Feder:	33,0 mm
Einlass, äussere Feder:	37,4 mm

- Spiel der Nockenwellenlagerung mit speziellen Kunststoffstreifen, so genannten Plastigagestreifen, messen (**Bild 127**), dazu die Messstreifen in die ölfreien Lager einlegen, Nockenwellen montieren und mit vorgeschriebenem Drehmoment (12 Nm) festziehen. Nockenwellen dabei nicht verdrehen.
  Verschleissgrenze: 0,16 Millimeter
- Aussendurchmesser der Nockenwellenlagerstellen messen: Grenzwert 23,92 Millimeter.
- Nockenhöhe messen. Grenzwerte: Auslass: 36,54 mm; Einlass: 37,04 mm.
- Rundlauf der Nockenwellen am mittleren Lager mit der Messuhr überprüfen.
- Toleranz: 0,1 Millimeter (Kawasaki gibt hier die Gesamtanzeige der Messuhr an)
- Sämtliche Lagerstellen auf zu grosse Riefen untersuchen.
- Sämtliche Ölbohrungen auf Verstopfungen untersuchen.
- Steuerkette mit 5 Kilogramm spannen und die Länge über 20 Glieder an verschiedenen Stellen messen (Mitte des ersten Stiftes zu Mitte des 21. Stiftes). Der Maximalwert ist 128,9 Millimeter.

11.3 Montage

- Sämtliche Einzelteile in ihre ursprüngliche Einbaulage bringen.
- Ventilschäfte gut gefettet in die Führun-

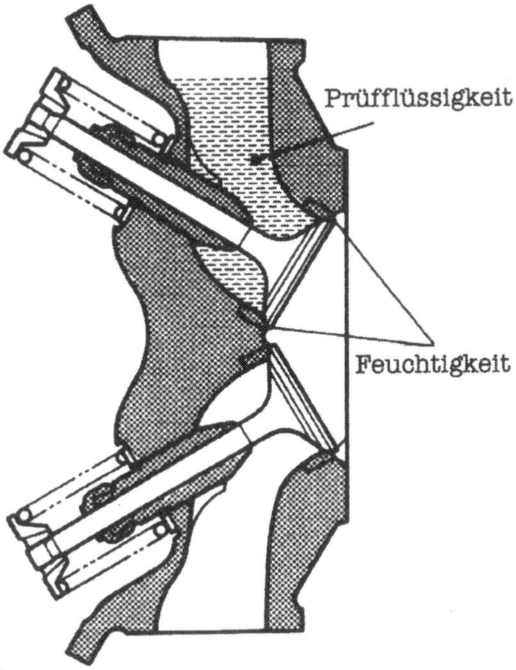

Bild 124
Ventilsitz-Dichtheit prüfen

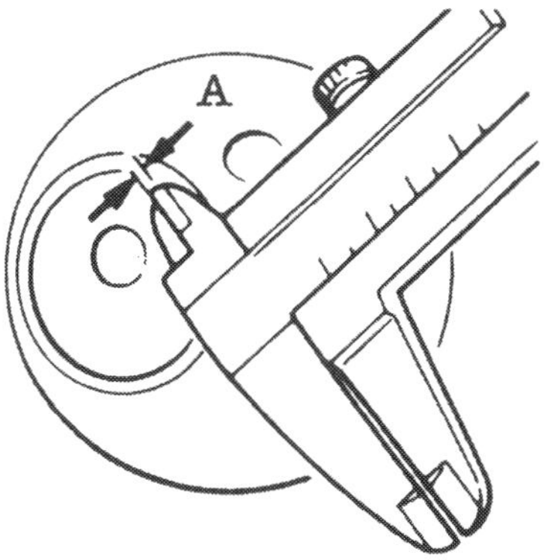

Bild 125
Ventilsitzbreite messen
A Sollmass 0,5–1,0 mm

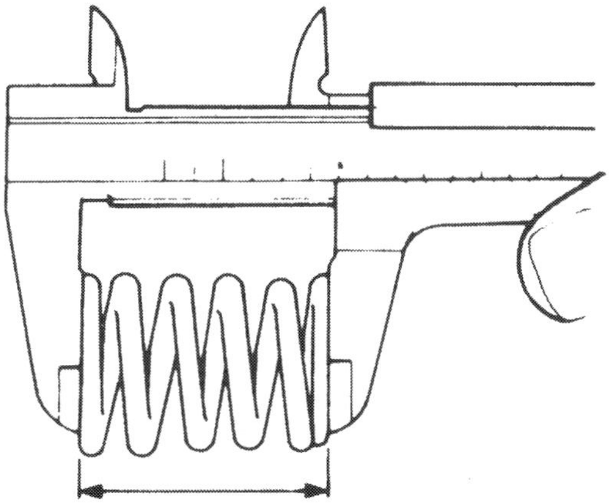

Bild 126
Federlänge messen

Vorsicht! ⚠
Aufgepasst! 👁

gen schieben. Neue Ventilschaftdichtungen gut geölt von Hand aufdrücken.

- Ventilfedern mit Tellern wie in der Zeichnung (**Bild 128**) mit den engeren Windungen zum Zylinderkopf weisend einbauen (**Bild 129**).
- Ventilkeile mit Spezialwerkzeugen, siehe Ausbau, montieren. Federn wieder entspannen und vorsichtig, genau in der Achse des Ventils mit dem Gummihammer auf die Schäfte klopfen, damit sich die Keile gut anlegen.
- Dichtflächen des Zylinderkopfes öl- und fettfrei und mit neuer Dichtung vorbereiten, Steuerkette mit Draht durch den Kettenschaft führen und den Zylinderkopf sauber in die Passhülsen einfädeln.
- Die inneren Zylinderkopfschrauben und Unterlegscheiben leicht einölen und in zwei Durchgängen von innen nach aussen in der Reihenfolge wie im **Bild 130** anziehen.
- Erster Durchgang: 20 Nm, zweiter Durchgang 49 Nm. Falls neue Schrauben verwendet werden 54 Nm. Die beiden Sechskantschrauben aussen am Kettenschacht mit 12 Nm.
- Kettenspanner in die Bohrung des Zylinderkopfs einsetzen.
- Nockenwellen einbauen *wie in Kapitel 3.7.2.*

Bild 127
Plastigage-Spielmessung (hier an Kurbelwelle)

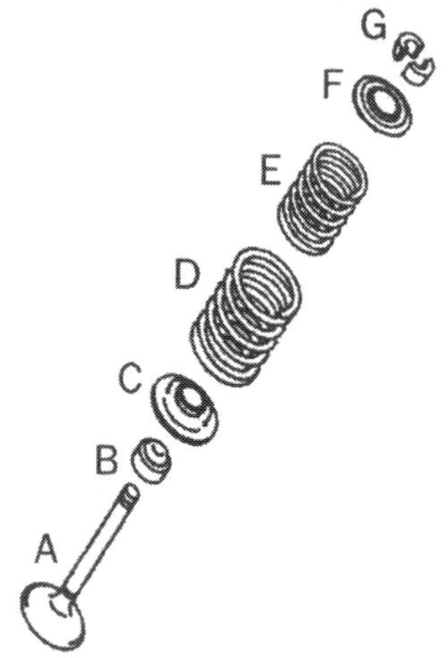

Bild 128
Ventilmontage

A	Ventil
B	Ventilschaftdichtung
C	Federsitz
D	äussere Ventilfeder
E	innere Ventilfeder
F	Federteller
G	Keile

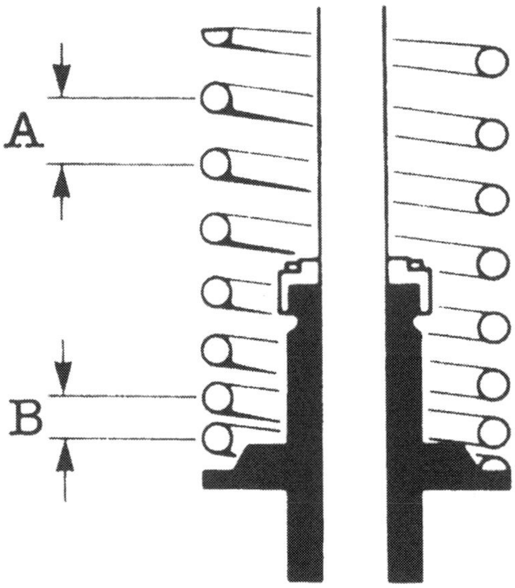

Bild 129
Ventilfedern einbauen

A	Grosser Windungsabstand
B	Kleiner Windungsabstand

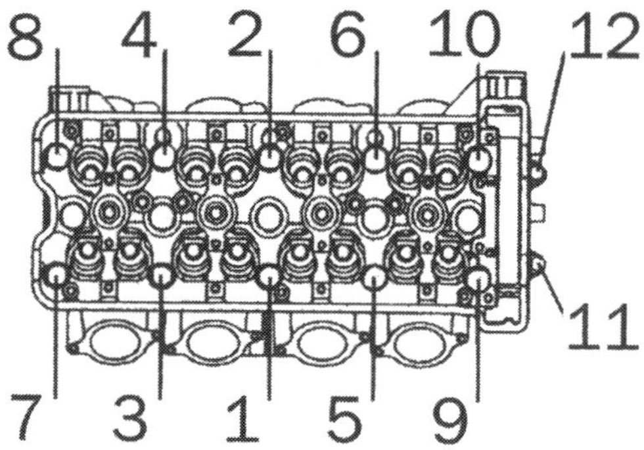

➤ **Bild 130**
Anzugsreihenfolge der Zylinderkopfschrauben

Zylinder und Kolben

12.1 Ausbau

- Motor und Zylinderkopf ausbauen, *siehe Kapitel 10 und 11.*
- Kolbenböden mit Reissnadel oder weichem Bleistift nummerieren.
- Ölrohr A und Schläuche B ausbauen, siehe **Bild 131**. Der Zylinder ist nicht extra festgeschraubt, man kann ihn einfach nach oben abziehen. Mit dem Gummihammer wird der Zylinder etwas gelockert.
- Nun wird die Kurbelwelle so gestellt, dass alle Kolben in gleicher Höhe stehen.
- Den Zylinder anheben. Bevor er die Kolben freigibt, werden die Öffnungen im Kurbelgehäuse mit einem Lappen verdeckt. Erstens, damit die Kolben nicht an die scharfen Kanten des Gehäuses stossen und zweitens, damit nichts ins Kurbelgehäuse fällt.
- Alle Kolbenbolzensicherungen mit einem kleinen Schraubendreher aushebeln (**Bild 132**).
- Nun wird am Kolben die Bohrung für den Kolbenbolzen ringsherum mit Druckluft gereinigt, damit eventueller Schmutz nicht beim Herausschieben den Bolzen verklemmt.
- Der Kolbenbolzen lässt sich dann normalerweise leicht von Hand herausschieben. Man kann mit Austreibern etwas nachhelfen, jedoch ohne das Pleuel in Querrichtung zu belasten. Kawasaki verwendet das Spezialwerkzeug Nr. 57001–910.
- Kolbenringe und den dreiteiligen Ölabstreifring mit den Daumennägeln vorsichtig nur so weit spreizen, dass sie über ihre Nut passen, und abnehmen. Dabei ist höchste Vorsicht angebracht, denn die Ringe sind sehr hart und brechen schnell (**Bild 133**). Komfortabler ist natürlich eine Kolbenringzange (**Bild 134**).
- Kolbenboden und Flammkante vorsichtig und ohne Kratzer zu hinterlassen mit einem Schaber entkohlen.
- Kolbenring- und Ölabstreifringnuten bei Bedarf vorsichtig mit abgebrochenem Kolbenring entkohlen.

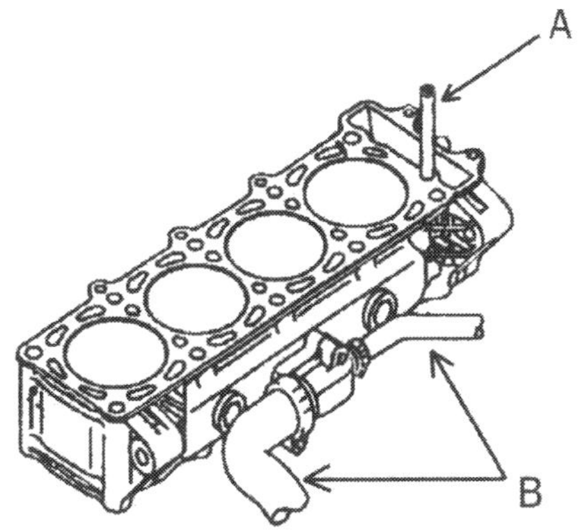

Bild 131
Ölrohr (A) und Schläuche (B) entfernen

Bild 132
Kolbenbolzensicherung aushebeln

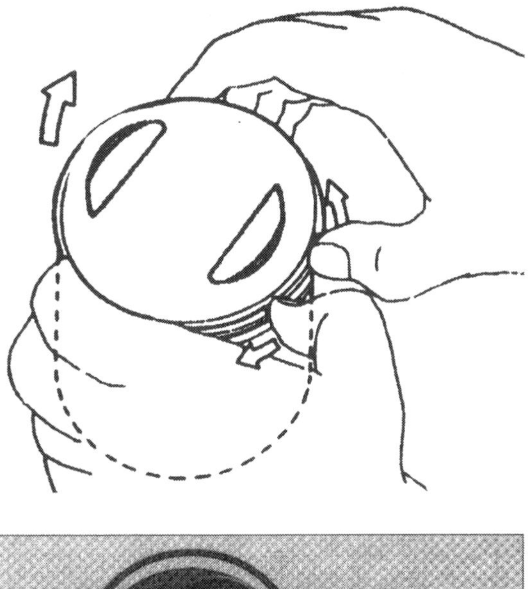

Bild 133
Kolbenringe abnehmen

Bild 134
Komfortabel mit Kolbenringzange arbeiten

12.2 Prüfen und Vermessen

- Lauffläche im Zylinder und bei den Kolben auf Riefen untersuchen.

Mit dem Haarlineal wird die Dichtfläche des Zylinders zum Kopf auf Verzug geprüft. Toleranz: 0.3 Millimeter.

Kolben vermessen: siehe **Bilder 135** und **136**. Der Kolbendurchmesser, gemessen 5 Millimeter oberhalb des unteren Endes, quer zur Bolzenbohrung, muss mindestens 74,79 Millimeter aufweisen (Sollmass: 74,945 bis 74,960). Mit der Schieblehre kann man höchstens auf fünf Hundertstel genau messen, das genügt jedoch für die Entscheidung, ob man den Kolben noch einmal verwendet. Wer hat, der messe mit der Bügelmessschraube. Das Kolbenringspiel wird nach **Bild 136** gemessen, beziehungsweise geschätzt: oberer Ring: maximal 0,18 Millimeter, unterer Ring: maximal 0,17 Millimeter.

Zylinderbohrungen vermessen: Diese Arbeit ist mit den üblichen Mitteln einer privaten Werkstatt nur bedingt möglich. Mit der Schieblehre kommt man nicht tief genug in den Zylinder, um auch bei der Höhe B (**Bild 137**) korrekt messen zu können. Bevor man sich jedoch einen Innentaster anschafft, fährt man billiger, indem man den Zylinder in einer Fachwerkstatt vermessen lässt. Der Grenzwert ist 75,10 Millimeter (Sollmass: 74,970 bis 74,982 Millimeter).

Ringstossspiel: Wie im **Bild 138** gezeigt, werden die Kolbenringe in den Zylinder geschoben und mit der Fühlerlehre am Stoss das Spiel gemessen: Grenzwert oberer Ring 0,6 Millimeter, unterer Ring: 0,8 Millimeter.

- Falls ein Grenzwert unter- oder überschritten wird, müssen alle Kolben oder Ringe ausgewechselt werden.

⚠ Wenn eine Zylinderbohrung zu gross geworden ist, muss ab dem 2000er-Modell der Zylinder ausgetauscht werden. Er kann nicht aufgebohrt werden, weil er keine Stahllaufbuchsen hat, sondern direkt auf dem Aluminiumguss eine Beschichtung trägt. Bis einschliesslich 1999 kann der Zylinder aufgebohrt, und mit neuen Übermasskolben montiert werden.

- Wird der Zylinder ersetzt, empfiehlt es sich, neue Kolben mit Ringen zu verwenden.
- Der Kolbenbolzen darf weder im Pleuel noch im Kolben merkliches Spiel zeigen.

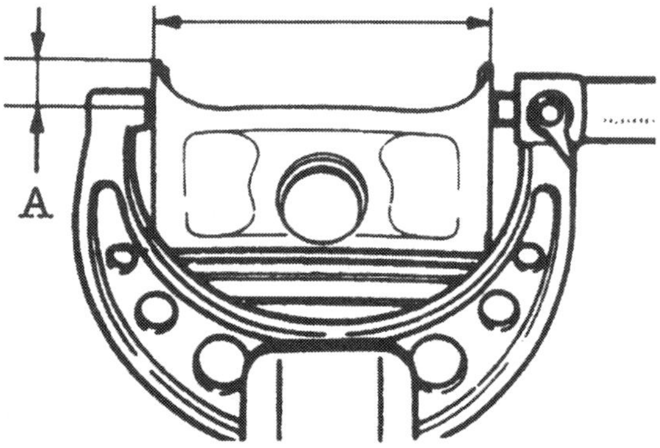

Bild 135
Kolbendurchmesser 5 mm über Unterkante messen
A 5 mm

Bild 136
Ringnutspiel erfühlen

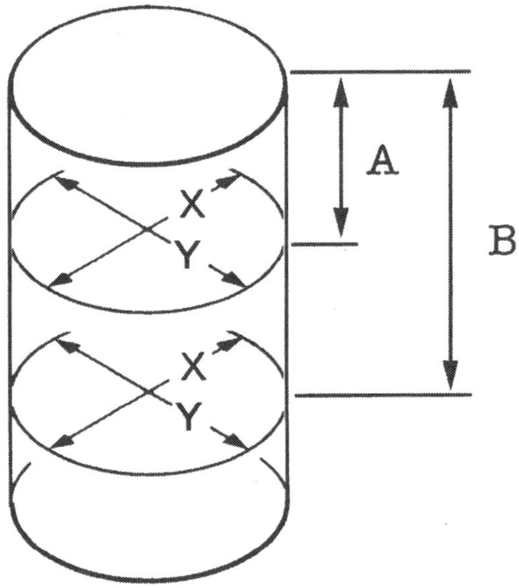

Bild 137
Zylinder in X- und Y-Richtung messen (Abbildung nicht massstabstreu)

12.3 Montage

- Ölabstreifringe und Kolbenringe wie in **Bild 133** montieren. Unterer Ring mit Markierung „RN" nach oben, oberer Ring mit Markierung „R" nach oben. Ringe nicht verwechseln!
- Ringstösse nach **Bild 139** verteilen.
- Pleuelaugen im Kolben leicht fetten und entsprechend ihrer Nummerierung mit den Bolzen an die Pleuel montieren. Die Mulden im Kolbenboden weisen nach vorne.
- Gehäuseöffnungen wieder mit Lappen abdecken und unbedingt neue Kolbenbolzensicherungen anbringen, so, dass der Stoss der Sicherung nicht im Bereich der Nut sitzt.
- Zur Führung des Zylinders werden zwei Zylinderkopfschrauben ohne Kopf vorbereitet und aussen, diagonal ins Kurbelgehäuse geschraubt.
- Motoröl auf die Zylinderbohrungen auftragen und Zylinderfussdichtung auflegen. Passhülsen montieren und Kurbelwelle so stellen, dass alle Kolben auf gleicher Höhe sind.
- Zylinder in die beiden Führungsschrauben setzen und die Kolbenringe mit den Fingern zusammendrücken, damit die Kolben nacheinander, von links nach rechts, in den Zylinder passen. Dabei muss auf die Steuerkette geachtet werden.
- Ölrohr und Wasserschläuche wieder anbauen. Zylinderkopf mit neuer Dichtung montieren.

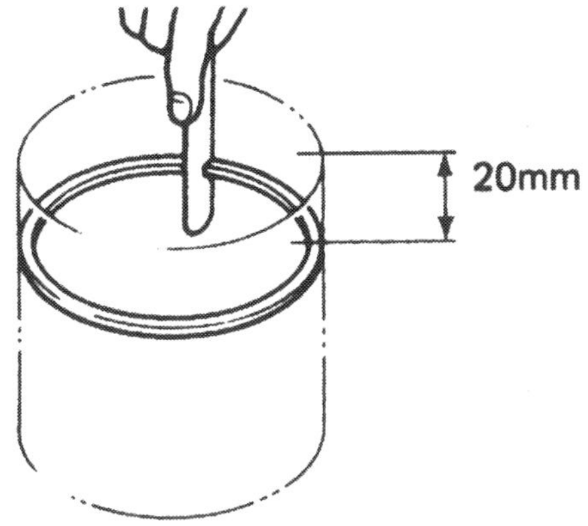

Bild 138
Ringstossspiel erfühlen

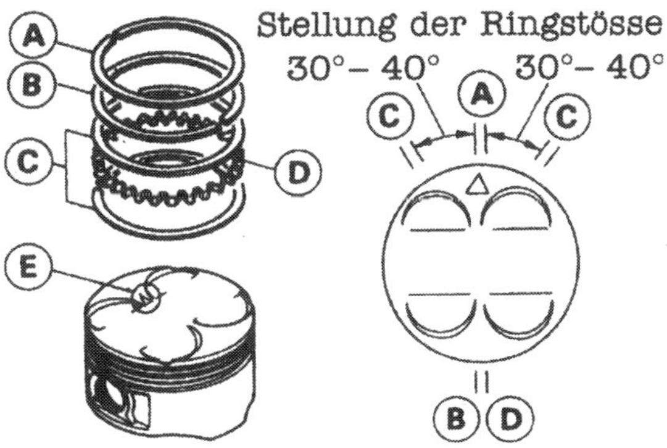

Bild 139
Ringversatz am Kolben

A	Erster Ring
B	Zweiter Ring
C	Ölabstreifring
D	Abstandhalter
E	Muldenmarkierung

Kurbelgehäuse

Vorsicht! ⚠
Aufgepasst!

13.1 Ausbau

- Das Kurbelgehäuse muss zum Ausbauen folgender vier Teile geöffnet werden: Kurbelwelle, Getriebe, innerer Schaltmechanismus und Steuerkette.
- Motor ausbauen *siehe 10.1*, sämtliche Motordeckel abschrauben, Generator und Starter ausbauen *siehe Kapitel 5 und 6*, Ölpumpe entfernen *wie im Kapitel 8*, Schaltautomat ausbauen *wie Kapitel 9*, Ölfilter und Ölkühler abschrauben.
- Den Zylinderkopf mit Zylinder und Kolben muss man nur dann ausbauen, wenn man die Pleuel demontieren will.
- Die Ölwanne kann auch bei eingebautem Motor abgeschraubt werden.
- Ölwanne ausbauen, Ölsieb A abnehmen und reinigen, Ölkühlerleitung B und Sicherheitsventil C entfernen (**Bild 140**).
- Dann den Motor vorsichtig umdrehen und die oberen Kurbelgehäuseschrauben lösen. Zuerst die 6-Millimeter-Schrauben A, dann die vier 7-Millimeter-Schrauben B und zuletzt die 8-Millimeter-Schrauben C (**Bild 141**).
- Motor wieder umdrehen und die unteren Gehäuseschrauben entfernen. Dabei wieder erst die 6-Millimeter-Schrauben vorne A, dann die zehn 9-Millimeter-Schrauben um die Kurbelwelle abschrauben.
- Vorsichtig mit dem Schonhammer die untere Gehäusehälfte von der oberen trennen. Darauf achten, dass sie sich sukzessiv rings herum gleichmässig voneinander entfernen. Nach sieben Millimetern enden die Passhülsen und die Hälften sind getrennt. Die Kurbelwelle und die Getriebewellen bleiben in der oberen Hälfte.

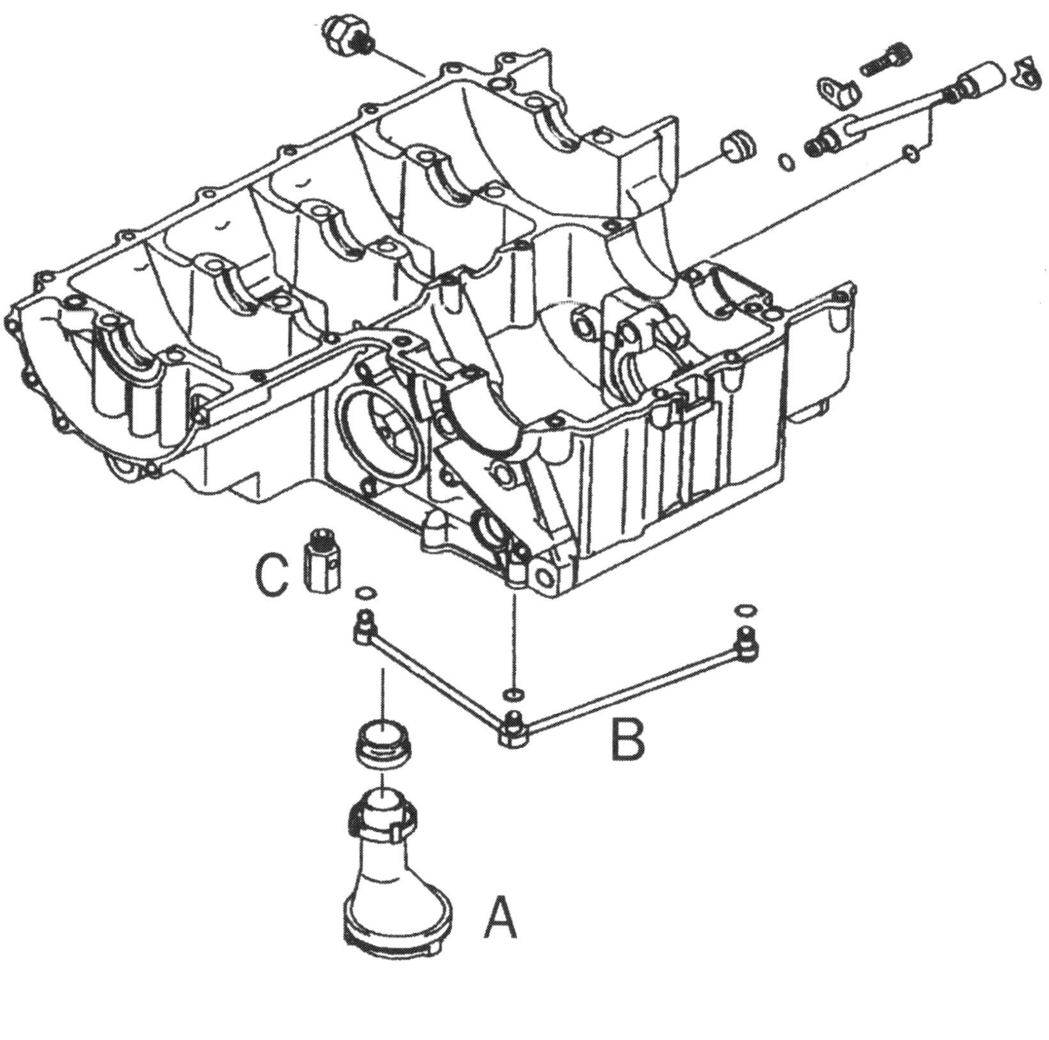

Bild 140
Kurbelgehäuse unten.
A Ölsieb
B Leitung
C Sicherheitsventil

TIPP Fingerzeig
Exakt messen

- Die Lagerschalen verbleiben dabei in den Gehäusehälften.
- ⚠ Die Gehäusehälften nicht auseinander stemmen. Das Gussaluminium ist zu weich und bekommt Dellen, die später nur schwer abzudichten sind.
- ⚠ Die obere und die untere Hälfte des Kurbelgehäuses werden beim Herstellen im zusammengebauten Zustand bearbeitet. Deswegen ist es nicht möglich, die Hälften einzeln zu ersetzen.

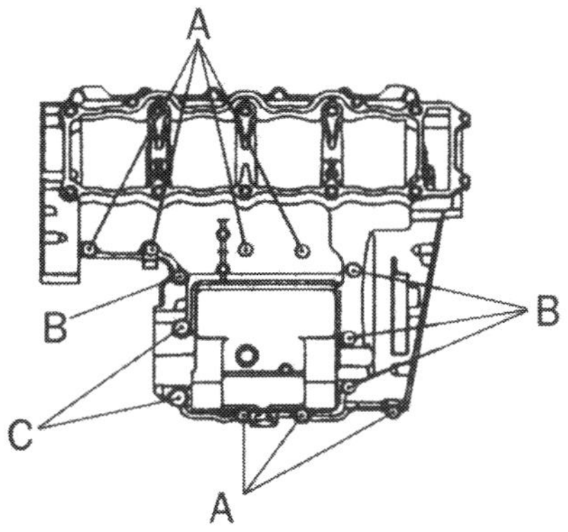

Bild 141
Obere Kurbelgehäuseschrauben

A	6 mm
B	7 mm
C	8 mm

13.2 Prüfen und vermessen

Eine Sichtkontrolle der Dichtfläche genügt.

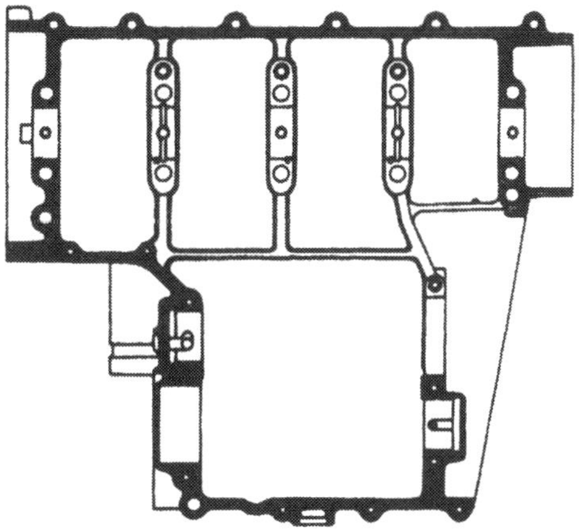

Bild 142
Auf schraffierte Fläche Dichtmittel auftragen

13.3 Montage

- Sämtliche Ölkanäle im Kurbelgehäuse und in der Kurbelwelle mit Druckluft durchblasen.
- Ab hier, siehe **Bilder 143** und **143a**.
- Sämtliche Wellendichtringe durch neue ersetzen. Im Zweifel immer auch die Steuerkette ersetzen.
- Falls die Ölabscheiderplatte in der oberen Hälfte ausgebaut war: flüssige Dichtung auf der gesamten Sitzfläche auftragen, vor der Montage trocknen lassen und alle 5 Befestigungsschrauben mit Schraubensicherung behandeln. Anzugsmoment 10 Nm.
- Kurbelwelle mit geölten Lagerschalen samt Steuerkette in die obere Hälfte einlegen, dann das Getriebe in Leerlaufstellung ebenso. *Siehe Kapitel 14 und 15.*
- Schaltwalze, Gabeln und Stangen, ebenso in Leerlaufstellung, in die untere Hälfte einbauen *(Kapitel 15)*.
- Beide Dichtflächen rings herum mit Kaltreiniger, Petroleum, Terpentinersatz oder Dieselöl reinigen, trocken wischen und die untere Hälfte mit flüssiger Dichtung bestreichen. Dabei ist peinlich darauf zu achten, dass keine Dichtmasse in die Ölbohrungen oder in die Nähe der Kurbelwellenhauptlager gerät. Siehe schraffierte Fläche im **Bild 142**.
- Passhülsen montieren und die untere Hälfte vorsichtig auf die obere setzen. Dabei wird sichergestellt, dass die Schalt-

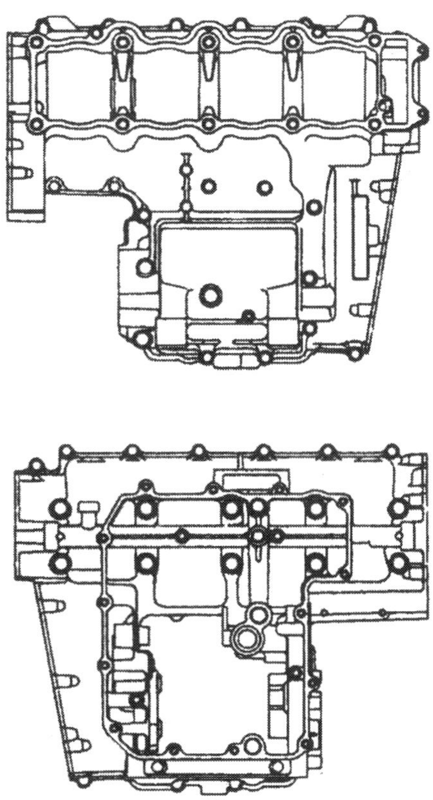

Bild 143
Kurbelgehäusehälften

Vorsicht!
Aufgepasst!

Bild 143a
Kurbelgehäuse Zusammenbau

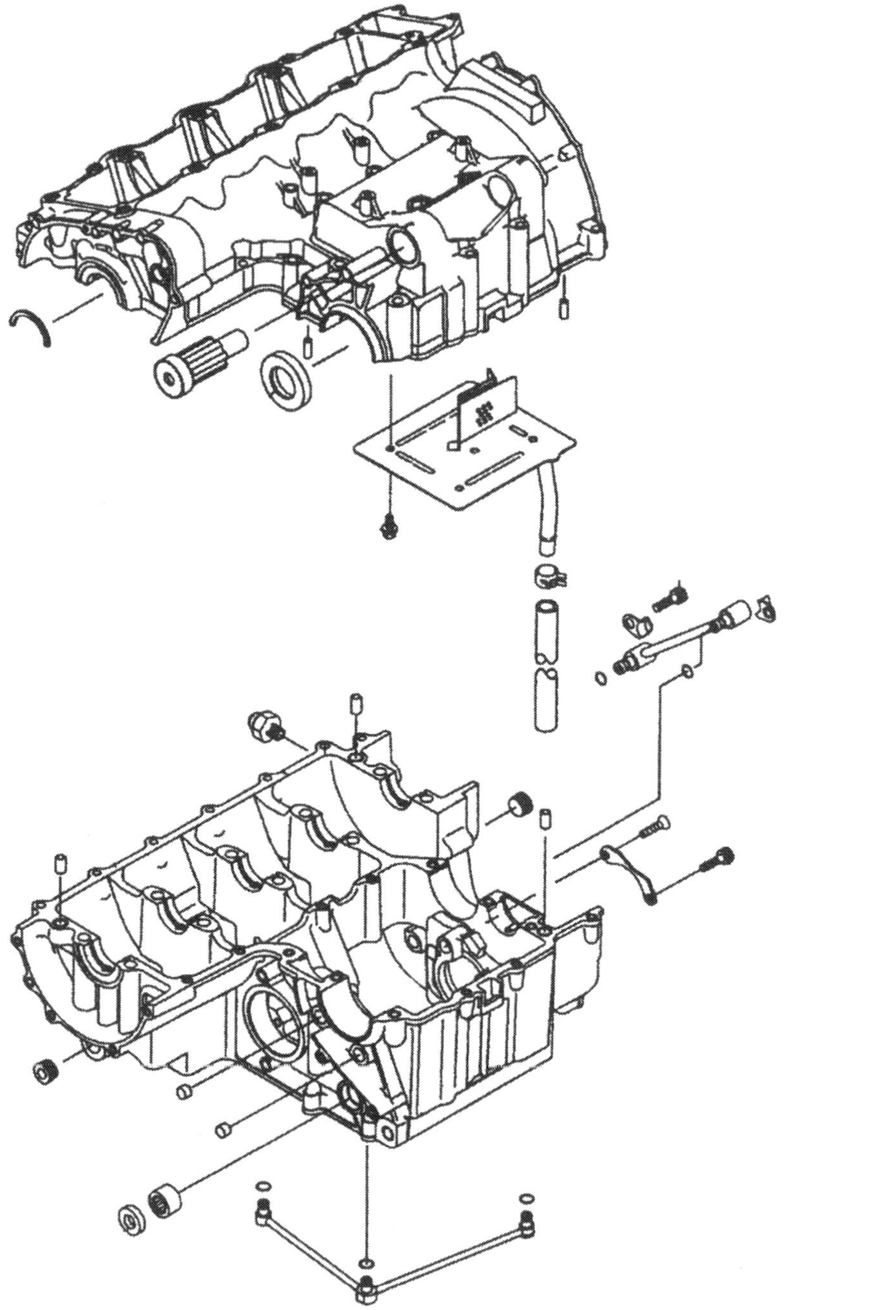

gabeln leicht und ohne zu verkanten in die Nuten der Zahnräder eingreifen.

- Sitzen die Hälften satt aufeinander, kann man mit der Verschraubung beginnen. Am Sitz der Schrauben immer Fett auftragen:
  Untere Hälfte:
  - zuerst die sechs inneren 9-Millimeter-Hauptlagerschrauben mit 42 Nm,
  - dann die vier äusseren 9-Millimeter-Hauptlagerschrauben mit 47 Nm,
  - danach die 6-Millimeter-Schrauben vorne mit 12 Nm.

  Obere Hälfte:
  - zuerst die beiden 8-Millimeter-Abtriebslagerschrauben mit 27 Nm,
  - dann die vier 7-Millimeter-Schrauben mit 20 Nm,
  - danach die sieben 6-Millimeter-Schrauben mit 12 Nm festziehen.
- Nach dem Anziehen wird kontrolliert, ob sich alles leicht dreht. Beim Drehen der Abtriebswelle müssen die Gänge komplett durchschalten werden können.

Kurbelwelle und Pleuel

14.1
Ausbau (Bild 143b)

- Die Kurbelwelle, ohne Pleuel, kann theoretisch auch ausgebaut werden, wenn der Zylinderkopf montiert bleibt. Man kann dabei sowohl die Pleuellager, als auch die Hauptlager erneuern. Man muss dann allerdings die Nockenwellen ausbauen, um die Steuerkette zu entlasten, sodass die Kurbelwelle ausgefädelt werden kann. Praktischer ist der Komplettausbau.
- Normalerweise wird zuerst der Motor ausgebaut, Zylinderkopf und Zylinder entfernt, Kolben demontiert, Kurbelgehäusehälften getrennt und danach wird die Kurbelwelle komplett mit den Pleueln und der Steuerkette herausgenommen.
- Die Lagerschalen verbleiben bis zum Messen des Lagerspiels *(14.2)* in den Gehäusehälften. Bei Bedarf werden sie mit einem kleinen Schraubendreher herausgehebelt.
- Pleuel und deren Unterteile bezeichnen, damit bei der Montage alles wieder an seinen ursprünglichen Platz gebaut werden kann.
- Seitenspiel der Pleuel auf der Kurbelwelle *(14.2)* vor Demontage der Pleuel messen.
- Pleuelschrauben lösen und Pleuel vorsichtig von der Kurbelwelle abnehmen. Auch hier werden die Lagerschalen erst nach dem Vermessen und bei Bedarf herausgehebelt.

14.2
Prüfen und Vermessen

- Lagerschalen, Steuerkette und Zahnräder auf übermässigen Verschleiss untersuchen.

⚠ Pitting, das heisst Abplatzungen der Härteschicht an den Zahnflanken sind in gewissem Mass tolerabel. Man sagt, dass bis maximal 10% der Traglinie fehlen dürfen.

- Seitenspiel der Kurbelwelle im Gehäuse mit Fühlerlehre messen (**Bild 144**). Normal sind 0.05 bis 0.2 Millimeter, Verschleissgrenze ist 0,4 Millimeter. Falls dieser Wert überschritten wird, braucht man ein neues Kurbelgehäuse und/oder eine neue Kurbelwelle.
- Seitenspiel der Pleuel in der Kurbelwelle mit Fühlerlehre messen. Normal sind 0.13 bis 0,38; Verschleissgrenze ist 0,58 Millimeter.

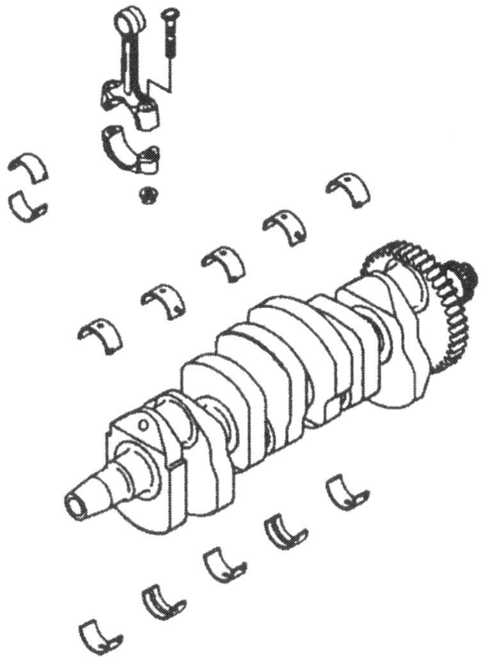

Bild 143b
Kurbelwelle und Pleuel

Bild 144
Kurbelwellen-Seitenspiel
1 hier messen

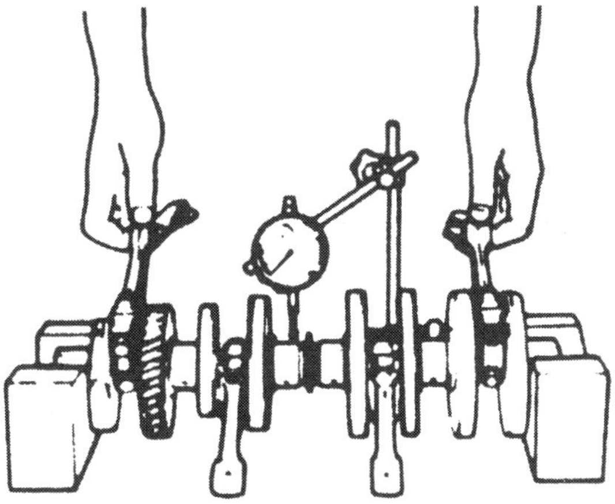

Bild 144a
Kurbelwellenrundlauf messen

- Rundlauf der Kurbelwelle messen: Kurbelwelle an den äussersten Lagerstellen auf Prismen setzen und mit der Messuhr den mittleren Lagerzapfen messen. Kawasaki gibt hier als Höchstmass den Gesamtausschlag von 0,05 Millimeter an (**Bild 144a**).

Vorsicht! ⚠
Aufgepasst!

14.2.1 Lagerspiele mit Plastigage (auch Plastolehre genannt) messen

- Hauptlager der Kurbelwelle: sämtliches Öl abwischen und Plastikstreifen über die ganze Breite in die Lagerstellen parallel zur Kurbelwelle einlegen. Kurbelwelle aufsetzen, unteres Motorgehäuse mit Passhülsen aufsetzen und mit vorgeschriebenem Drehmoment festziehen *(Kapitel 13)*. Kurbelwelle nicht drehen und Gehäuse wieder abnehmen. Nun wird die Breite des platt gedrückten Streifens mit der Skala verglichen (**Bild 145**).
- Pleuellager: Wir verfahren wie oben, jedoch einzeln. Zum Lagerspielmessen können die alten Pleuelschrauben verwendet werden. Schwierig dabei ist, die Pleuel während des Anziehens nicht zu bewegen. Anzugsmoment 24 Nm, und dann noch 120 Grad weiterdrehen, das sind zwei Ecken der Mutter. Danach wird wieder geöffnet und mit der Skala verglichen.

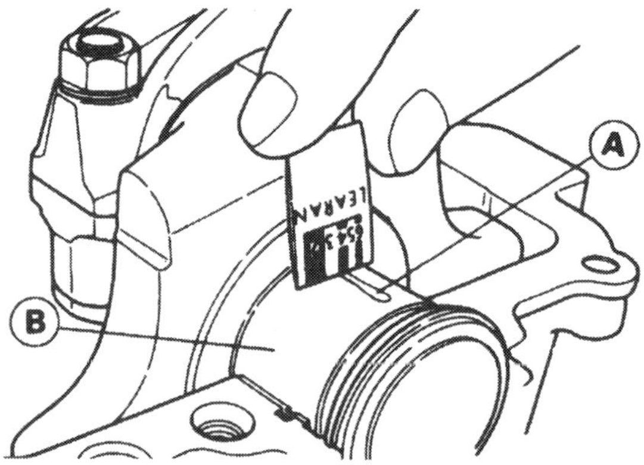

Bild 145
Hauptlagerspiel messen
A Messstreifen
B Lagerzapfen

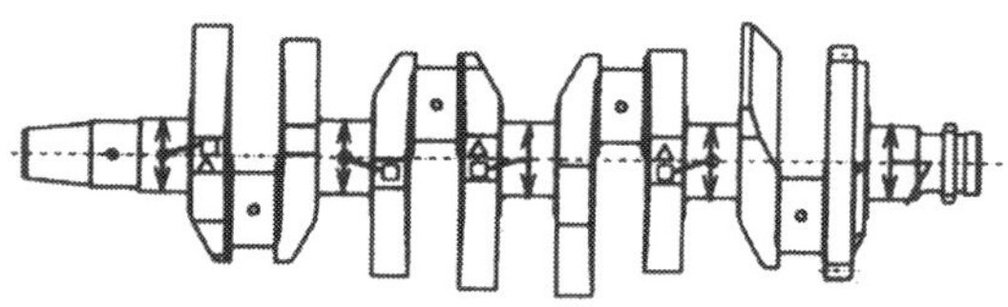

Bild 146
Hauptlagermarkierungen

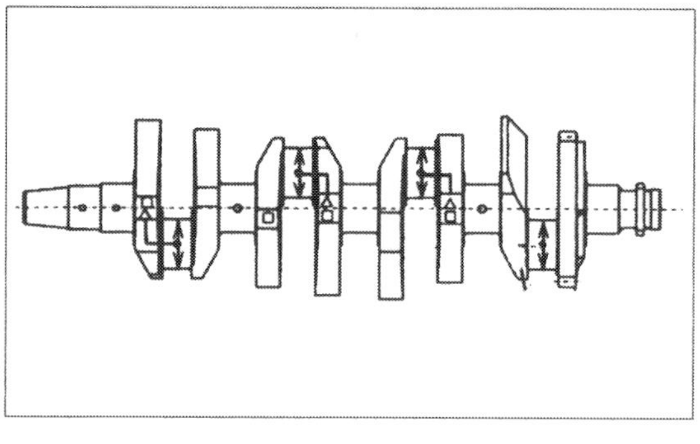

Bild 147
Kurbelzapfen-Markierungen

Lagerspiel:
Hauptlager: 0,020 bis 0,044
Grenzwert 0,07 Millimeter
Pleuellager: 0,036 bis 0,066
Grenzwert 0,10 Millimeter

- Liegt das Lagerspiel im ursprünglichen Bereich, kann die Lagerstelle belassen werden.
- Liegt das Lagerspiel zwischen dem Normalmass und dem Grenzwert, werden einfach neue Lagerschalen eingebaut. Liegt das Spiel deutlich über dem Grenzwert, müssen die Lagerzapfen an der Kurbelwelle nachgemessen werden:

Lagerzapfen der Kurbelwelle, Hauptlager:
Ohne Kennzeichnung:
32,984 bis 32,992 mm
Mit Kennzeichnung „1“ auf der Wange:
32,993 bis 33,000 mm
Grenzwert (Minimum):
32,960 mm

Lagerzapfen der Kurbelwelle, Pleuellager:
Ohne Kennzeichnung:
34,984 bis 34,992 mm
Mit Kennzeichnung „0“ an der Wange:
34,993 bis 35,000 mm
Grenzwert (Minimum):
34,970 mm

- Lage der Kennzeichnungen an der Kurbelwelle siehe **Bilder 146** und **147**. Lage der Kennzeichnung an den Pleueln siehe **Bild 148**. Lage der Kennzeichnungen am Kurbelgehäuse siehe **Bild 149**.
- Liegt ein Mass unterhalb des Grenzwertes, muss die Kurbelwelle ersetzt werden.
- Liegt ein Mass mit Kennzeichnung nun durch die Abnutzung im Massbereich ohne Kennzeichnung, muss die Kennzeichnung entfernt werden.

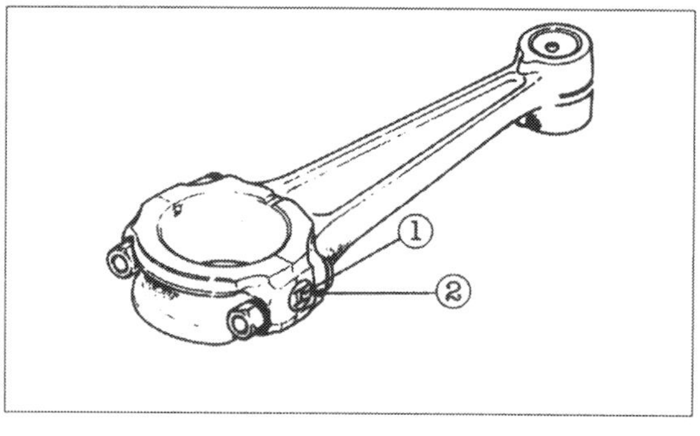

➤ Bild 148
Pleuelstange
1 Gewichtsmarkierung
2 Durchmessermarkierung

TIPP Fingerzeig
Exakt messen

14.2.2 Zuordnung der richtigen Lagerschalen

Zuordnung der Austauschlagerschalen der Pleuellager:

Pleuel-markierung	Kurbelwellen markierung	Farbe der Lagerschale	Teile-nummer
Keine	o	braun	92028-1714
Keine	keine	farblos	92028-1713
o	o	farblos	92028-1713
o	keine	blau	92028-1712

Zuordnung der Austauschlagerschalen der Hauptlager:*

Gehäuse-markierung	Kurbelwellen markierung	Farbe der Lagerschale	Teile-nummer	für Zapfen Nr.
o	1	braun	92028-1714	1, 3, 5
o	1	braun	92028-1829	2, 4
	1	schwarz	92028-1867	1, 3, 5
o	keine	schwarz	92028-1828	2, 4
keine	keine	blau	92028-1866	1, 3, 5
keine	keine	blau	92028-1827	2, 4

* Die Lagerschalen für die Lagerzapfen 2 und 4 haben Ölnuten.

- Sind die Lager ausgewählt und besorgt, muss eine erneute Lagerspielkontrolle durchgeführt werden. Das angegebene Normspiel darf zwar überschritten werden, aber keinesfalls unterschritten, sonst ist die Gefahr, dass ein Lager „frisst", zu gross.
- ⚠ Sämtliche hier beschriebenen Messungen sind so genau wie möglich durchzuführen, denn der Schaden, der entsteht, wenn man schludert, ist immens.

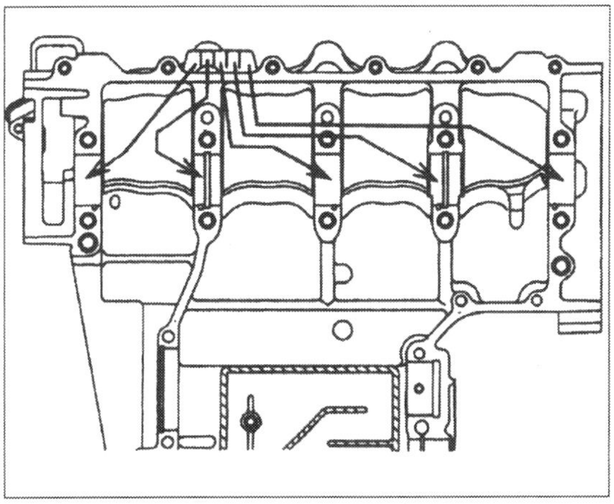

Bild 149
Lagerbohrung-Markierungen

14.3 Montage

- Sämtliche Ölkanäle im Kurbelgehäuse und in der Kurbelwelle mit Druckluft durchblasen.
- Falls die Lagerschalen ausgebaut waren, so wieder einsetzen, dass die Nasen an der Lagerschale in die Nut des Lagersitzes kommen, **Bild 150**.
- Öl und Fett genau nach **Bild 151** auftragen.
- Pleuel an Kurbelwelle montieren: Unbedingt darauf achten, dass die ursprüngliche Einbaulage berücksichtigt wird. Beachten, dass die Buchstaben der

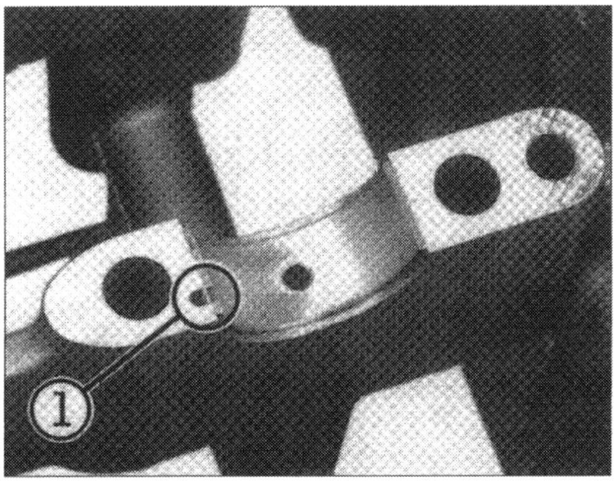

Bild 150
Lagerschalen einsetzen
1 Nut-/Nase-Passung

Vorsicht! ⚠
Aufgepasst!

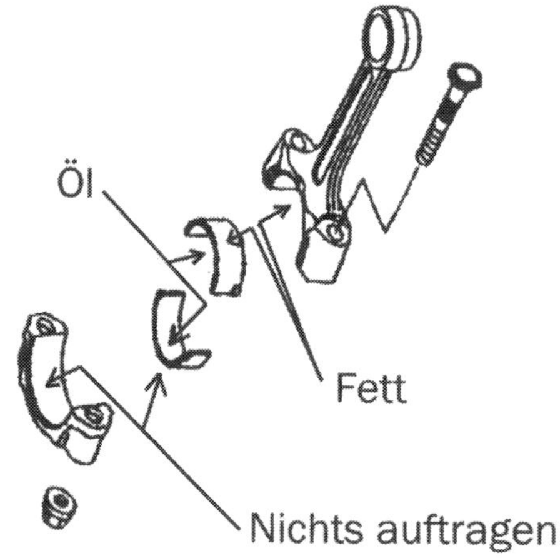

Bild 151
Öl- und Fettauftrag am Pleuel

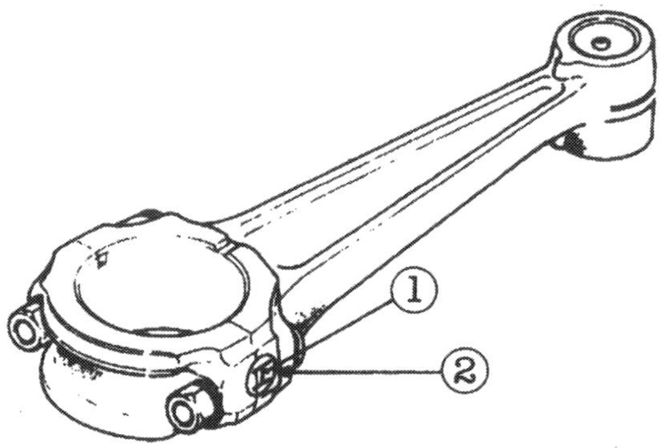

Bild 152
Pleuelstange
1 Gewichtskennzeichnung
2 Durchmessermarkierung

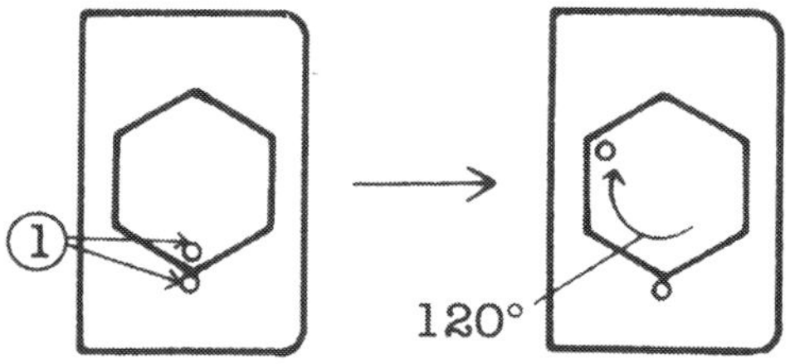

Bild 153
Pleuel-Einbau
1 Markierungen

passen (**Bild 152**).

- Beim endgültigen Zusammenbau unbedingt neue, noch nicht angezogene Pleuelschrauben verwenden. Es handelt sich dabei, wegen Gewichtsoptimierung, um Dehnschrauben, die nur ein einziges Mal angezogen werden können.
- Neue Pleuelschrauben mit Aceton vom Rostschutzmittel befreien und trocknen. Motoröl auf das Pleuelschraubengewinde und den Sitz der Pleuelmutter auftragen.
- Anziehen auf das Vordrehmoment von 25 Nm bei neuen Muttern und 24 Nm bei alten Muttern. Nun wird die Position der Muttern markiert und 120 Grad weiter angezogen. Falls zu weit gedreht wurde, Pleuelschraube ersetzen, denn sie ist dann überdehnt (**Bild 153**).
- Falls neue Pleuel montiert werden, gilt das Vordrehmoment von 20 Nm.
- Die richtigen Lagerschalen mit den Nasen ins Kurbelgehäuse einsetzen (**Bild 150**). Dabei die Ölnuten der Lagerschalen für die Lagerstellen zwei und vier beachten und nicht verwechseln!
- Öl in die Lagerschalen geben und die Kurbelwelle samt Steuerkette einsetzen.
- Getriebe einsetzen und untere Kurbelgehäusehälfte auflegen und nach Kapitel 13 montieren.

Getriebe

15.1 Ausbau

Bild 154
Getriebe-Einbaulage
1 Antriebswelle (Hauptwelle)
2 Abtriebswelle (Nebenwelle)
3 Keilnabenprofil für Antriebsritzel
4 Keilnabenprofil für Kupplung

- Kurbelgehäusehälften trennen, *siehe Kapitel 13*.
- Haupt- und Nebenwelle aus dem Gehäuse nehmen (**Bild 154**).
- Das Getriebe kann nun mit Hilfe einer Seegerringzange leicht zerlegt werden, mit Ausnahme Zahnrads für den fünften Gang auf der Abtriebswelle. Es hat, zum leichteren Auffinden des Leerlaufs, drei Stahlkugeln eingesetzt. Wir fassen die Welle am Zahnrad für den dritten Gang (es liegt genau darunter) und halten sie senkrecht mit dem Zahnrad des fünften Gangs nach oben. Mit der anderen Hand wird das 5.Gang-Zahnrad schnell gegen den Uhrzeigersinn gedreht und gleichzeitig nach oben abgezogen (**Bild 155**).
- Während des Ausbaus wird die Einbaulage eines jeden Teils notiert.
- Sämtliche Spann-, Seeger- und Sicherungsringe beim Zusammenbau durch Neuteile ersetzen.
- Schaltwalzenpositionshebel (1), **Bild 156**, ausbauen und Schaltwalzenhalteblech (3) an Schrauben (2) lösen. Danach die darunter liegenden Schaltstangen herausziehen, die Schaltgabeln entfernen und die Schaltwalze (4) herausziehen (**Bilder 156** und **157**).

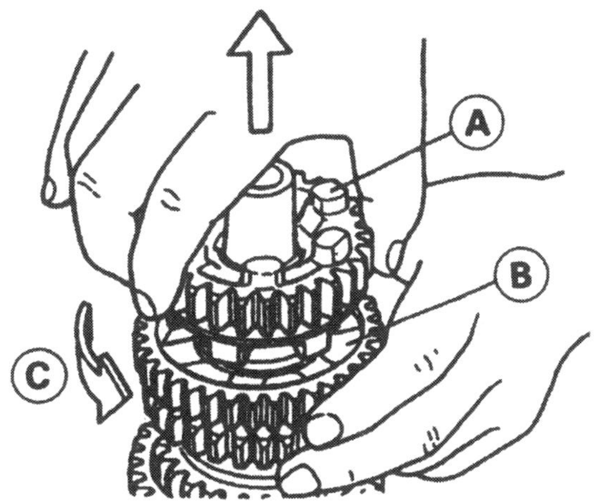

Bild 155
Nebenwelle zerlegen
A Zahnrad 5. Gang
B Zahnrad 3. Gang
C Drehrichtung

Bild 156
1 Schaltwalzen-Anschlaghebel
2 Befestigungsschrauben
3 Halteblech
4 Schaltwalze

- Falls die aufgepressten Kugellager der Getriebewellen demontiert werden sollen, braucht man einen Abzieher (Kawasaki-Spezialwerkzeug Nr. 57001–135 und 5700–317).

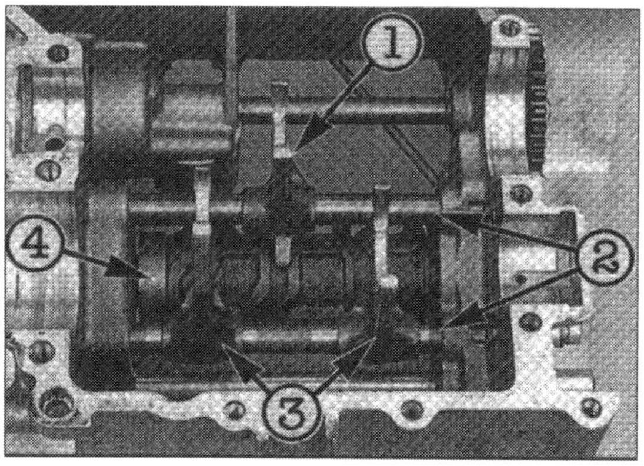

Bild 157
Schaltwalze und –gabeln
1 Schaltgabel auf Antriebswelle
2 Schaltgabelwellen
3 Schaltgabeln auf Abtriebswelle
4 Walze

15.2 Prüfen und Vermessen

- Sämtliche Getriebezahnräder auf Beschädigungen, übermässigen Verschleiss und Abplatzungen (Pitting) kontrollieren.

⚠ Pitting, das heisst Abplatzungen der Härteschicht an den Zahnflanken sind in gewissem Mass tolerabel. Man sagt, dass bis maximal 10% der Traglinie fehlen dürfen.

- Schaltgabeln und deren Nute in den Zahnrädern auf übermässige Laufspuren untersuchen.
- Schaltstangen auf planer Glasplatte (Spiegel) durch Rollen auf Geradheit untersuchen.
- Sämtliche Wälzlager auf Spielfreiheit und Leichtgängigkeit überprüfen.

▼ Bild 158
Explosionszeichnung Getriebe. Zahnscheiben 28 und 29 ineinander eingreifend montieren.

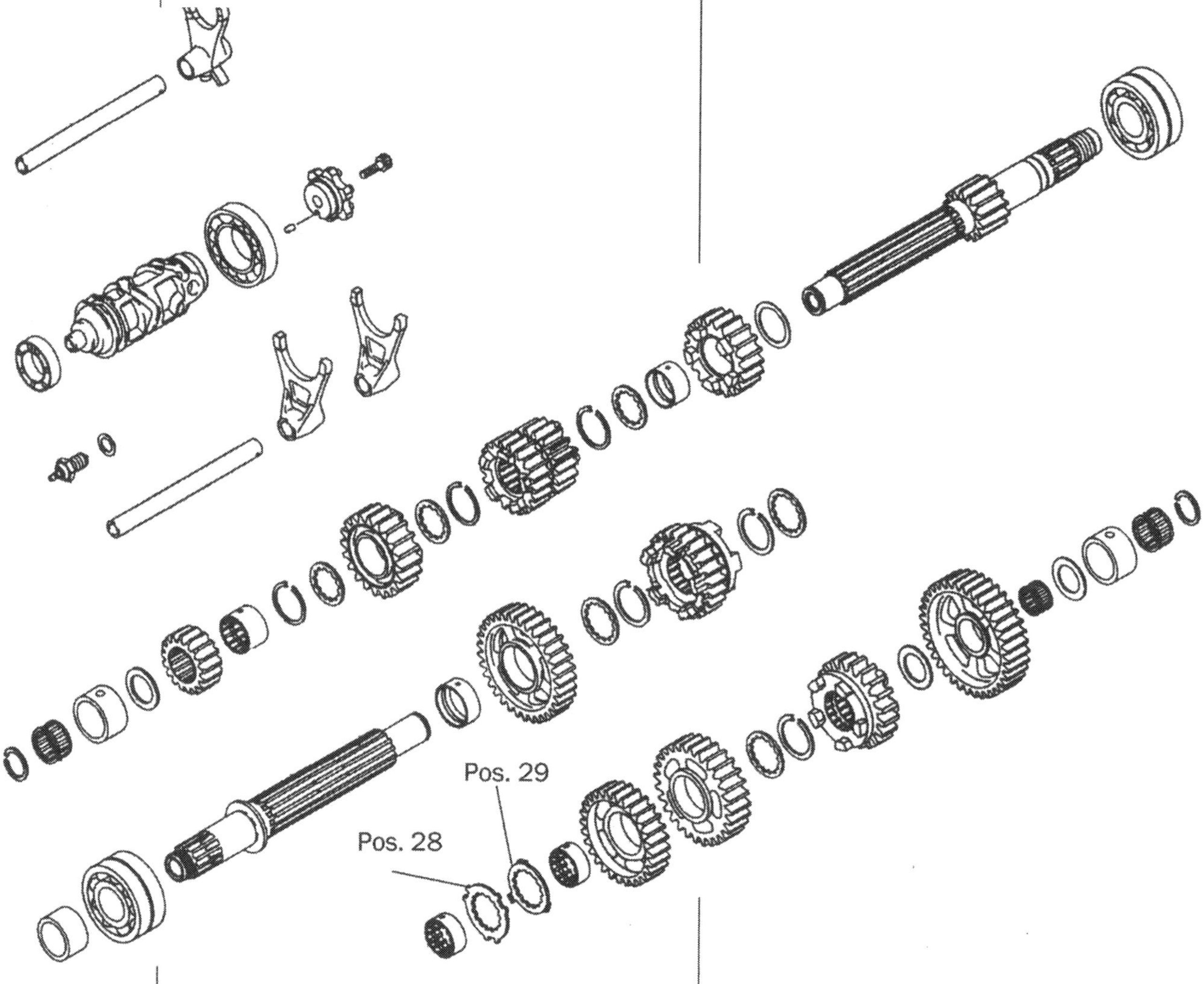

15.3 Montage

- Die einzelnen Getriebewellen werden, wie notiert und wie in der Explosionszeichnung (**Bild 158**) zu sehen ist, wieder bestückt. Die Lager falls nötig vor dem Aufpressen leicht erwärmen.
- Unbedingt darauf achten, dass die Ölbohrungen der Zahnräder (2) und der Wellen (1) miteinander fluchten (**Bild 159**).
- Die beiden Zahnscheiben (Position 28 und 29 **Bild 158**) zwischen dem dritten und vierten Gang auf der Abtriebswelle so montieren, dass sie ineinander greifen.

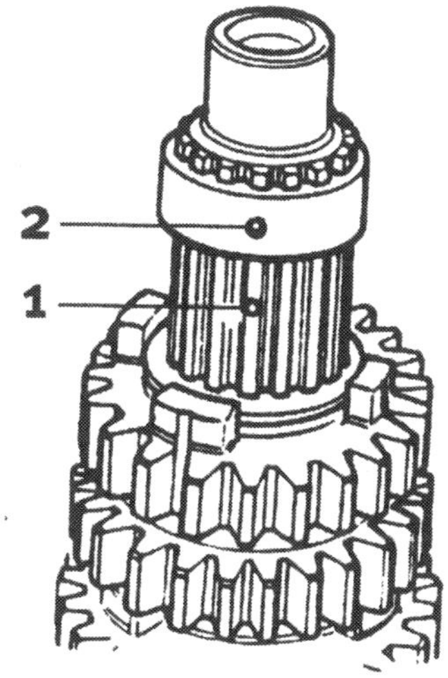

Bild 159
Ölbohrungen ausrichten
1 auf Welle
2 auf Lagerbuchse

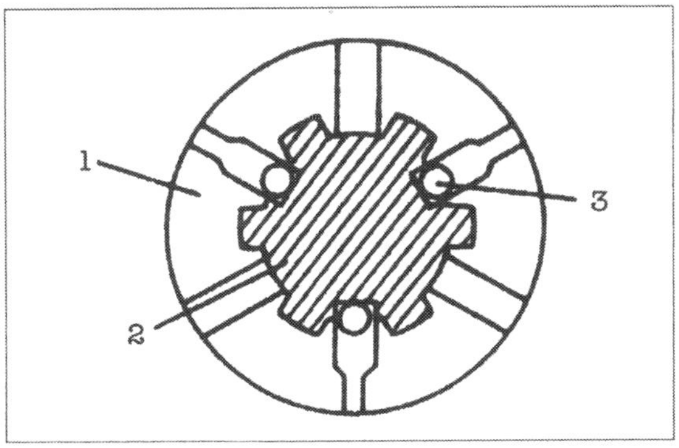

◄Bild 160
Zahnrad 5. Gang auf Abtriebswelle
1 Zahnrad
2 Welle
3 Kugel

Bild 161
Stossfugen auf Steg ausrichten

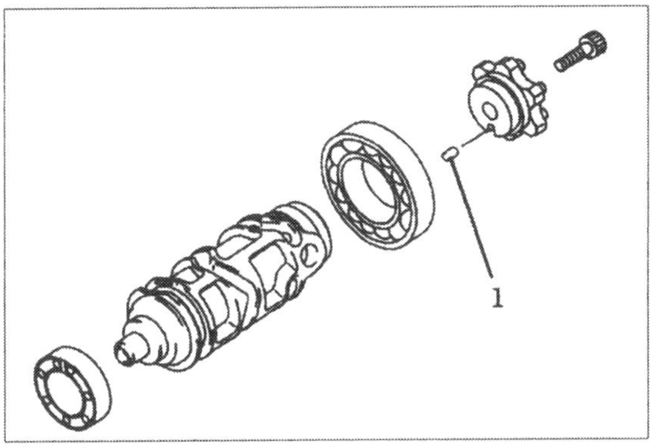

◄Bild 162
Einzelteile der Schaltwalze
1 Passstift

Bild 163
Schaltwalze und –gabeln
1 Schaltgabel auf Antriebswelle
2 Schaltgabelwellen
3 Schaltgabeln auf Abtriebswelle
4 Walze

- Stahlkugeln im Zahnrad des fünften Gangs möglichst ohne Fett wie im **Bild 160** montieren. Wurde Fett verwendet, muss es nachträglich, eventuell durch Spülen mit Kaltreiniger, entfernt werden, damit der Mechanismus funktioniert.
- Beim Montieren der Spannringe den Stoss im Bereich der Nuten der Welle halten (**Bild 161**).
- Nach der Montage werden alle Zahnräder auf Leichtgängigkeit überprüft.
- Schaltwalze zusammenbauen, falls sie zerlegt wurde, wie in **Bild 162**.
- Schaltwalze in die untere Kurbelgehäusehälfte einführen und vordere Schaltga-

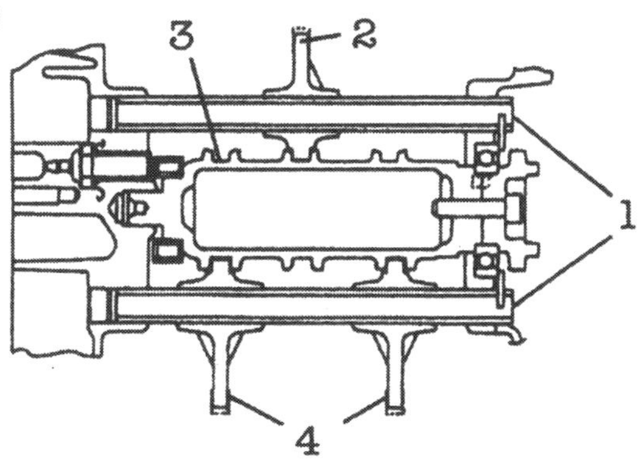

Bild 164
Einbaulage der Schaltgabel
1 Schaltgabelwellen
2 Schaltgabel auf Antriebswelle
3 Walze
4 Schaltgabeln auf Abtriebswelle

Bild 165
Getriebe
1 Antriebswelle (Hauptwelle)
2 Abtriebswelle (Nebenwelle)

bel mit dem kurzen Ansatz in die mittlere Nut der Walze stecken. Nun wird die Schaltstange durch das Gehäuse in die Gabel gesteckt. Die Nuten auf den Schaltgabeln weisen jeweils zur Mitte des Lagersitzes der betätigten Welle.

- Die hinteren Schaltgabeln werden analog in die äusseren Nuten der Schaltwalze gebaut. Siehe **Bilder 163** und **164**.
- Das Halteblech der Schaltwalze fixiert auch die Schaltstangen. Dasselbe wird vorsichtig angebracht und mit seinen Befestigungsschrauben, die mit Schraubensicherung behandelt sind, festgeschraubt. Drehmoment Kreuzschlitzschraube 5,4 Nm, Innensechskantschraube 12 Nm.
- Getriebewellen gut ölen und miteinander jeweils in die Stellringe und Stellstifte an den Lagersitzen einsetzen, **Bild 165**.
- Schaltwalzenpositionshebel mit Feder und Beilage mit flüssiger Schraubensicherung montieren (10 Nm).
- Untere Kurbelgehäusehälfte *wie in Kapitel 13* aufsetzen und montieren.

Bremsen

16.1
Ausbau

Die Bremsanlage eines Motorrads, insbesondere eines so sportlichen, wie der Kawasaki ZX–9R Ninja, ist neben dem Fahrwerk das sicherheitsrelevanteste System des Ganzen. Hier sollte man nur dann selber Hand anlegen, wenn man absolut sicher ist, keinen Fehler zu machen. Anderenfalls sei jedem die Fachwerkstatt empfohlen. Gewerblich, das bedeutet als Auftragsarbeit, darf das aus Versicherungsgründen in Deutschland bislang nur eine Firma machen, bei der ein Motorradmechanikermeister fest angestellt ist oder selber der Inhaber ist.

- Das Zerlegen eines Bremssattels oder einer Bremspumpe ist nur bei Störungen der Bremse erforderlich. Falls das notwendig wird, müssen immer neue Dichtungen verwendet werden.
- Bremsflüssigkeit ablassen, *siehe Kapitel 3.11*, Leitung entfernen und gut abtropfen lassen. Bremsflüssigkeit mit Einwegspritze aus den Behältern saugen.

⚠ Keine alte oder unbekannte und unversiegelte Bremsflüssigkeit verwenden. Bremsflüssigkeit ist giftig und löst leicht Lacke aller Art. Falls sie verschüttet wird, sofort mit einem Lappen abwischen und mit viel Wasser nachspülen.

16.1.1
Sechskolbenzangen vorne

- Bremssattel von der Gabel schrauben und Bremsbeläge entfernen, *siehe Kapitel 3.11*.
- Die Bremssättel werden zerlegt, indem man die vier Schrauben (1) im **Bild 166** löst.
- Die Kolben nach dem Abdichten der Fläche, wie in **Bild 167**, mit Druckluft herausdrücken. Vorsicht, dabei die Finger nicht einklemmen.
- Nun können die Staubdichtungen (1) und die Dichtringe (2), **Bild 168**, vorsichtig herausgehebelt werden. Da die Ringe dabei zerstört werden, müssen sie durch neue ersetzt werden. Die Zylinderbohrung darf keinesfalls verkratzt werden.
- Die Reinigung aller Teile kann mit Bremsflüssigkeit, Kaltreiniger, Alkohol oder Propanol erfolgen.

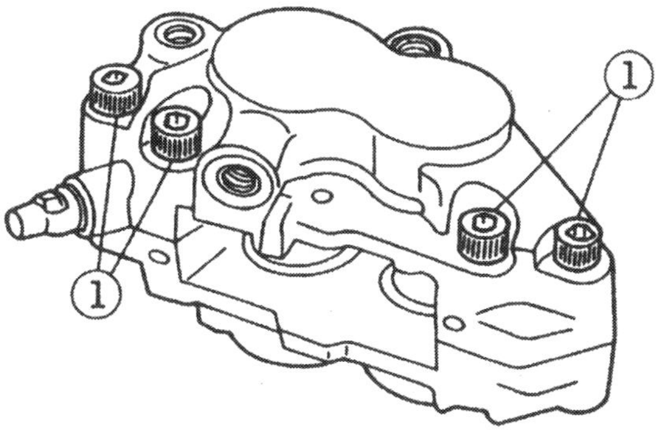

Bild 166
Vorderer Bremssattel, hier im Bild ein 4-Kolbensattel
1 Verbindungsschrauben

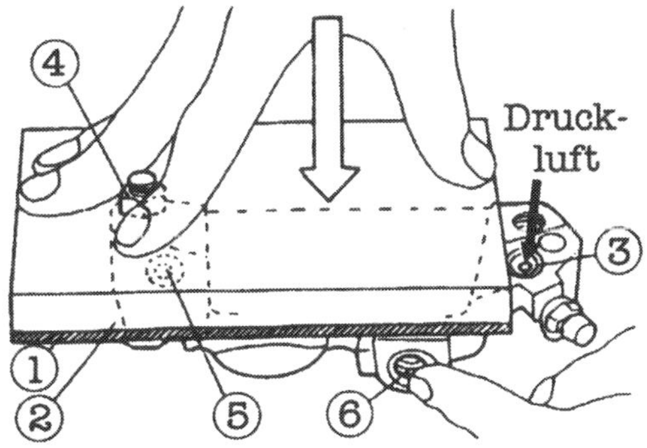

Bild 167
Bremskolben mit Druckluft ausdrücken
1 Gummidichtung
2 Holzbrett (10 mm dick)
3 Ölkanal
4 Schraube mit Mutter
5 Abgedichteter Ölkanal
6 Schlauchanschluss

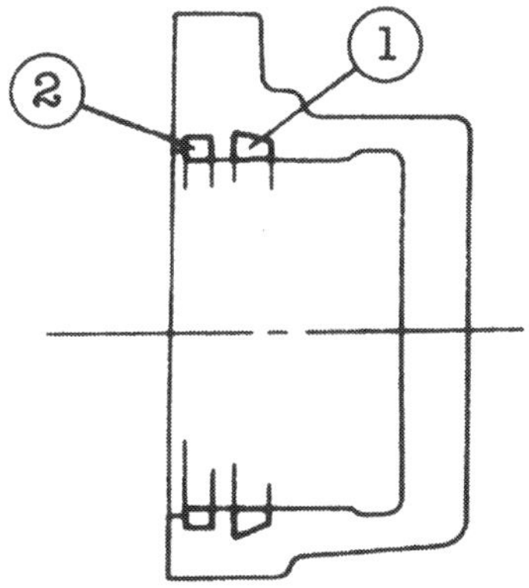

Bild 168
Vorderer Bremssattel
1 Dichtring
2 Staubdichtung

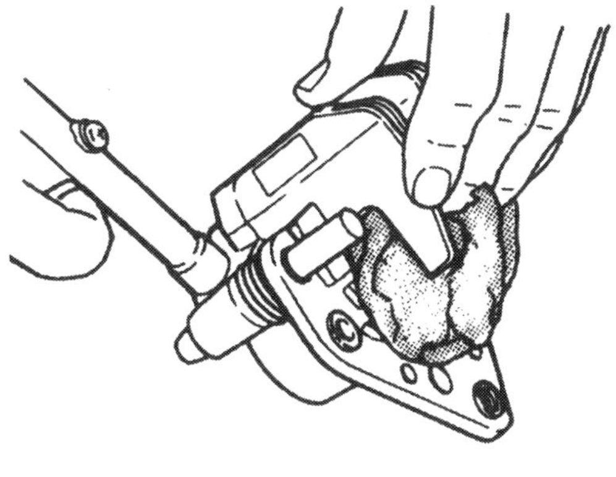

Bild 169
Bremskolben mit Druckluft ausdrücken

Vorsicht! ⚠
Aufgepasst!

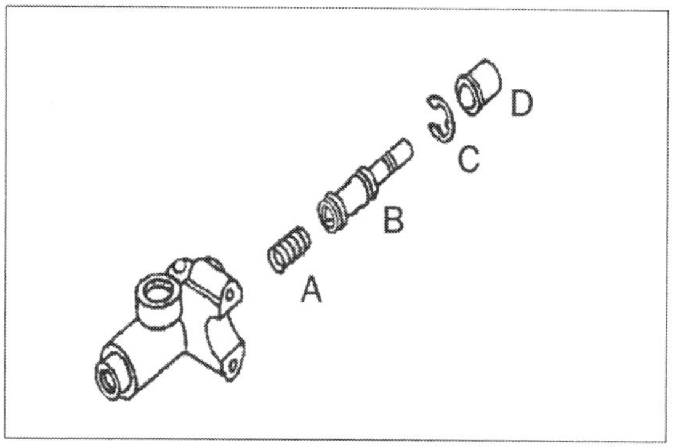

Bild 170
Bremspumpe vorne
A Feder
B Kolben mit Primärmembran
C Federring
D Staubmanschette

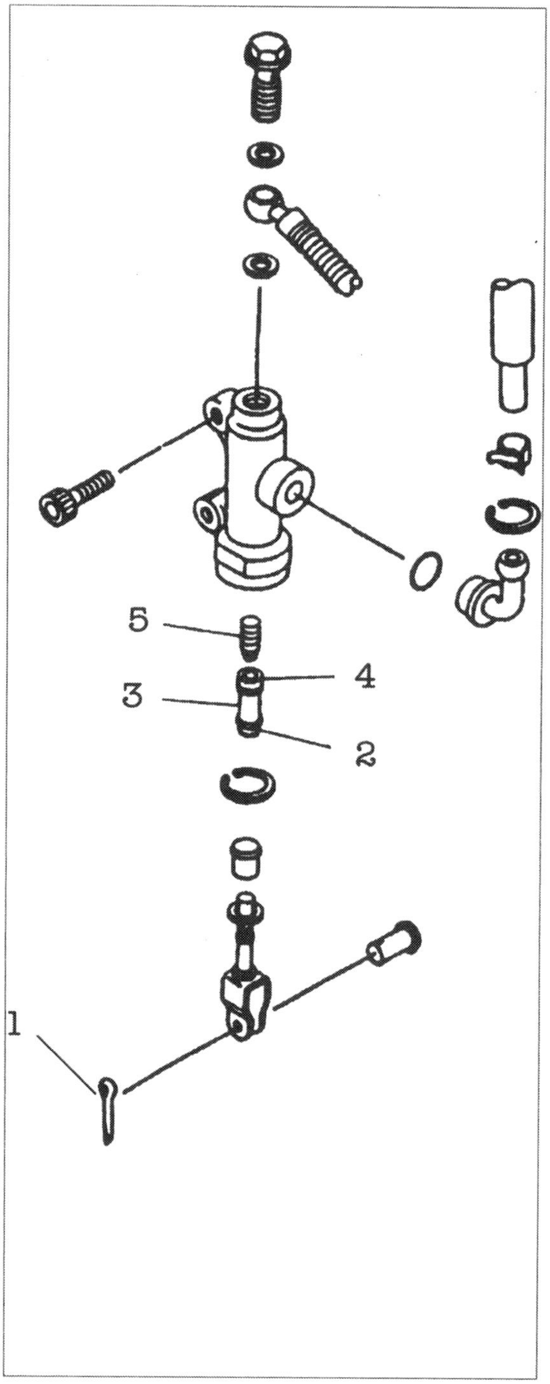

Bild 171
Einzelteile der Fusspumpe
1 Sicherungssplint
2 Sekundärmanschette
3 Kolben
4 Primärmanschette
5 Rückholfeder

16.1.2 Bremssattel hinten

- Bremssattel wie in **Bild 169** mit einem Lappen ausstopfen und mit Druckluft den Kolben herausdrücken. Sonst wie vorne.

16.1.3 Bremspumpe vorne

- Bremszylinder ausbauen, Bremshebel abschrauben, Vorratsbehälter lösen und die Gummimanschette zurückschieben.
- Man sieht nun den Sicherungsring, der mit einer Federringzange entfernt werden kann, während man den Bremskolben etwas hineindrückt. Kawasaki schreibt hier Spezialwerkzeug Nr. 57001–143 vor.
- Nun kann der Kolben vorsichtig herausgezogen werden, **Bild 170**. Die Primärmembran am Kolben kann und darf nicht entfernt werden. Falls sie beschädigt ist, wird der Kolben komplett ausgetauscht.

16.1.4 Bremspumpe hinten

- Der hintere Bremszylinder wird analog zum vorderen zerlegt, **Bild 171**.

16.2 Prüfen und Vermessen

- Bremsscheiben mit Messuhr auf Verzug prüfen. Grenzwert 0,3 Millimeter (**Bild 172**).
- Bremsscheibendicke nachmessen. Grenzwert vorne und hinten: 4,5 Millimeter (**Bild 173**).
- Sämtliche Kolben und Zylinderbohrungen auf Verschleiss und Kratzer untersuchen.
- Bremsbeläge auf Verschmutzung kontrollieren, gegebenenfalls gegen neue austauschen. Falls die alten wieder verwendet werden, müssen sie unbedingt an die ursprüngliche Bremsscheibenfläche gebaut werden. Weiss man das nicht mehr, müssen neue Beläge verwendet werden.
- Die Reinigung aller Teile kann mit Bremsflüssigkeit, Kaltreiniger, Alkohol oder Propanol erfolgen. Besonders in den Nuten für die Staubdichtungen und Kolbendichtringe sammelt sich Schmutz. Diesen möglichst komplett entfernen.

16.3 Montage (siehe **Bilder 174** und **175**)

- Einmal ausgebaut, brauchen alle Kolben der Bremszangen neue Gummiringe.
- Bevor die neuen Gummiringe eingesetzt werden, müssen sie mit Bremsflüssigkeit angefeuchtet werden. Auch die Kolben werden vor dem Einbau mit Bremsflüssigkeit behandeln.
- Kolben immer mit der offenen Seite zum Bremsbelag einbauen.
- Beim Zusammenbau der vorderen Bremszangen müssen die Ölkanal-O-Ringe auf völlige Unversehrtheit kontrolliert und mit Bremsflüssigkeit benetzt werden. Anzugsdrehmoment der Sattelschrauben: 21 Nm, Sattelbefestigungsschrauben an der Gabel: 34 Nm.
- Anzugsdrehmoment der Befestigung des hinteren Sattels 25 Nm.
- Beim Anbau des vorderen Bremszylinders zuerst die obere Schraube der Klemmfaust anziehen, dann die untere (11 Nm).
- Sämtliche Bremsschlauchverbindungen mit neuen Dichtungen versehen und mit 25 Nm festziehen.

16.3.1 Entlüften der Bremskreise

- Sind alle Schlauchverbindungen dicht, füllt man den Vorratsbehälter mit frischer Bremsflüssigkeit aus einem versiegelten Behälter. Man pumpt nun langsam, bis keine Blasen mehr im Vorratsbehälter aufsteigen. Jetzt wird ein Kunststoffschlauch (etwa aus dem Aquarienhandel) dicht über das Entlüftungsventil gestülpt. Dann wird der Bremshebel ganz gezogen und so festgehalten. Nun wird kurz das Entlüftungsventil geöffnet und sofort wieder geschlossen, noch bevor man den Bremshebel wieder frei gibt. Dieser Vorgang wird wiederholt, bis keine Luft mehr aus dam Entlüftungsventil kommt. Dabei wird laufend der Flüssigkeitsstand im Behälter kontrolliert, beziehungsweise nachgefüllt und der Bremsschlauch leicht abgeklopft (**Bild 176**). Kommt keine Luft mehr, geht es bei der anderen Bremszange weiter. Ist dieser auch entlüftet, muss sich der Bremshebel mit der gewohnten Härte anfühlen. Nun werden die Entlüftungsventi-

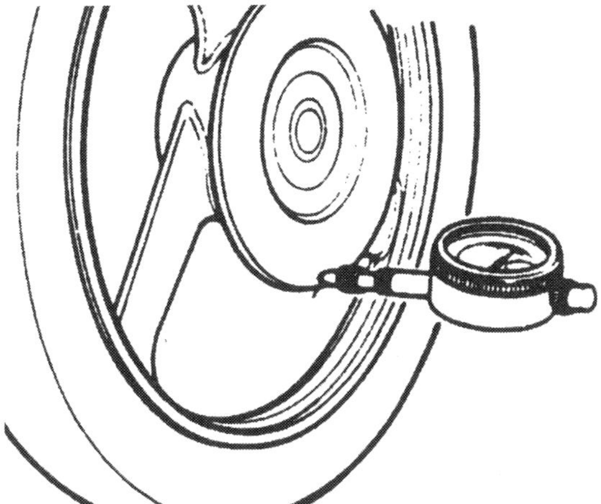

Bild 172
Scheibenschlag messen

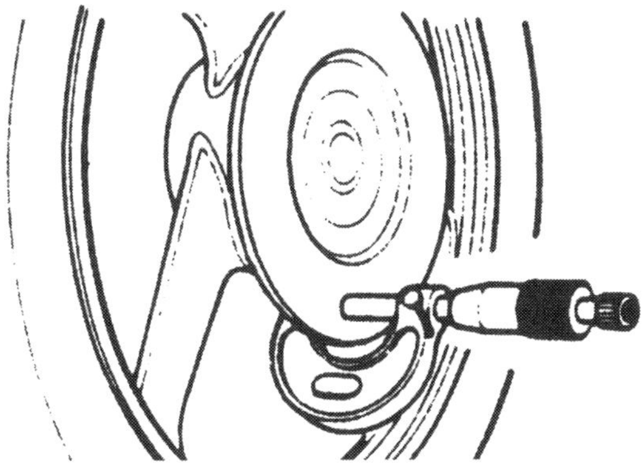

Bild 173
Scheibendicke messen

▼ Bild 174
Bremszange vorne

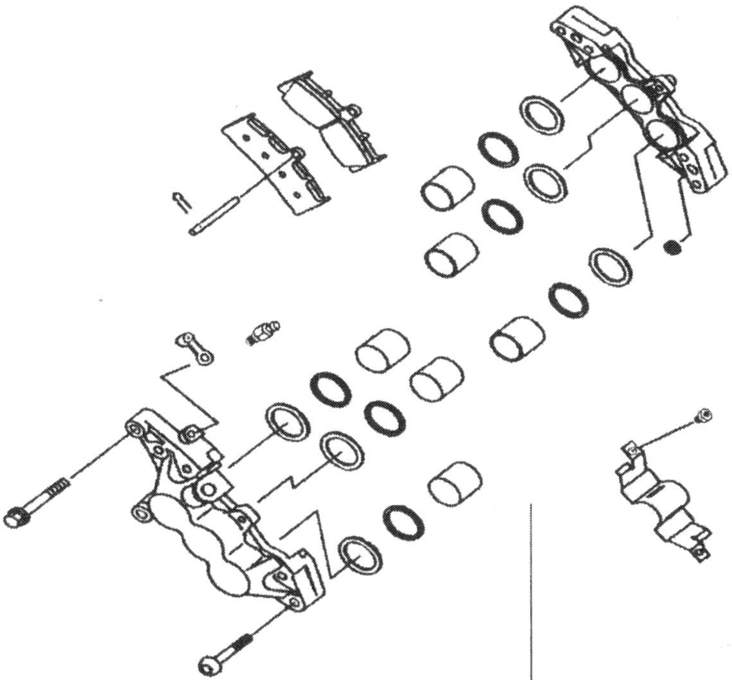

Bild 175
Bremszange hinten

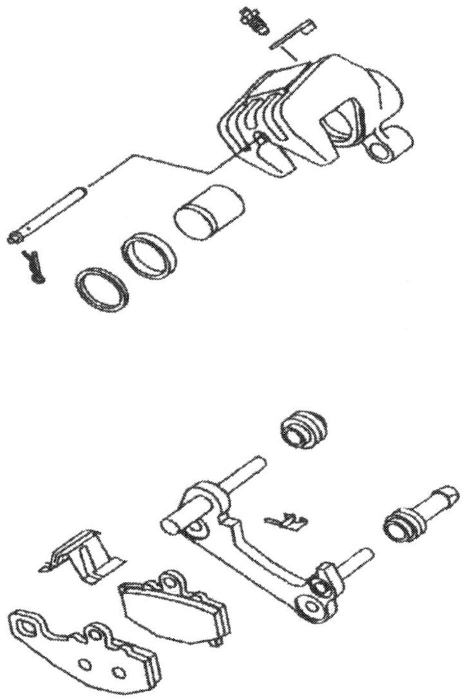

Bild 176
Entlüftungsschema

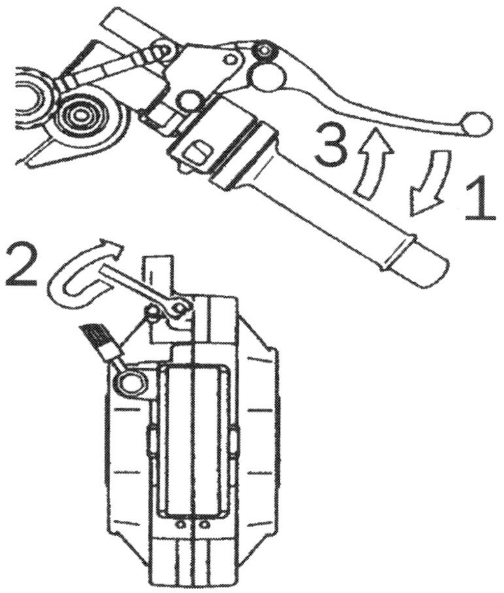

le endgültig angezogen (7,8 Nm).

- Bei der hinteren Bremse wird analog vorgegangen.
- Je nachdem, wie die Bremsschläuche liegen, kann das Entlüften Schwierigkeiten machen. Hier hilft oft ein Befüllen der Bremsanlage von unten. Das kann man mit einer Einwegspritze mit 200 Kubikzentimeter Volumen über das Entlüftungsventil versuchen. Das Ventil wird nur leicht geöffnet und durch den Schlauch wird ganz langsam Bremsflüssigkeit eingedrückt, bis sie oben im Vorratsbehälter ankommt.
- Nach dem Entlüften unbedingt die Bremse ausprobieren. Sie darf weder schleifen, noch sich zu weich anfühlen, noch Bremsflüssigkeit lecken.

Achtung:

⚠ Keinesfalls alte Bremsflüssigkeit wiederverwenden.
⚠ Keine Flüssigkeit aus Behältern mit unbekannter Geschichte verwenden.
⚠ Niemals verschiedene Flüssigkeiten mischen (Siedepunktabsenkung).
⚠ Behälterdeckel alsbald wieder schliessen (Hygroskopie der Flüssigkeit).
⚠ Bei Regen oder Wind nicht entlüften (Hygroskopie).
⚠ Absolut kein Öl in die Bremsanlage bringen (Gummi wird angegriffen).
⚠ Keine Bremsflüssigkeit auf die Bremsbeläge oder die Scheiben bringen.
⚠ Bremsflüssigkeit greift Lacke an (sofort wegwischen).
⚠ Wird die Bremsanlage irgendwo geöffnet, muss sie entlüftet werden.

Frontpartie

17.1 Ausbau

17.1.1 Vorderrad

- Zum Ausbau des Vorderrads muss die Maschine aufgebockt werden. Dazu gibt es ein Kawasaki-Spezialwerkzeug Nr. 5700 –1238. Selbstverständlich kann man sich auch irgendwie anders helfen. Etwa mit der allerdings nicht allzu stabilen Dreipunktmethode, bei der das Motorrad ziemlich schräg steht: Untere und innere Verkleidung abbauen, *Kapitel 3.2*. Seitenständer etwas unterlegen, sodass die Maschine mit nach rechts eingeschlagenem Lenker fast senkrecht steht. Nun wird ein steifes Brett möglichst weit vorne unter die Krümmer geschoben und mit einem Scheren- oder hydraulischen Wagenheber möglichst weit rechts so weit angehoben, dass das Vorderrad gut vom Boden abhebt.

⚠ Rüttelprobe: bevor man Räder oder gar den Motor ausbaut, empfiehlt sich eine Rüttelprobe, bei der festgestellt wird, wie stabil das Motorrad aufgebockt ist.

- Je nach Stabilität der Aufbockung, empfiehlt es sich, die zu entfernenden Schrauben schon vor dem Aufbocken zu lösen. Man verhindert dadurch hohe Drehmomente am wackeligen System.
- Beide Bremssättel abschrauben, die Bremsleitungen dabei nicht lösen.
- Innensechskantschrauben (Achsklemmbolzen) A im Gabelholm (**Bild 177**) lösen und Achse B herausschrauben. Dabei auf die Distanzstücke achten. Nun kann das Vorderrad herausgefädelt werden.
- Rad nicht bei rauem Boden auf die Bremsscheibe legen.
- Bremsscheiben demontieren: Laufrichtung der Scheiben kennzeichnen und vor dem Herausschrauben der 12 Innensechskantschrauben, mit 200-Gramm-Hammer einmal gezielt und plan auf jeden Schraubenkopf schlagen, das erschreckt die Schraubensicherung und erleichtert das Lösen ungemein. Notfalls wird die Nabe (ohne Druck im Reifen!!) auf etwa 120 Grad erwärmt.
- Radlager und Wellendichtring nur bei Bedarf ausbauen (sie werden dabei zerstört).
- Wellendichtring ausheben (**Bild 178**), dann den darunter liegenden Federring mit Fe-

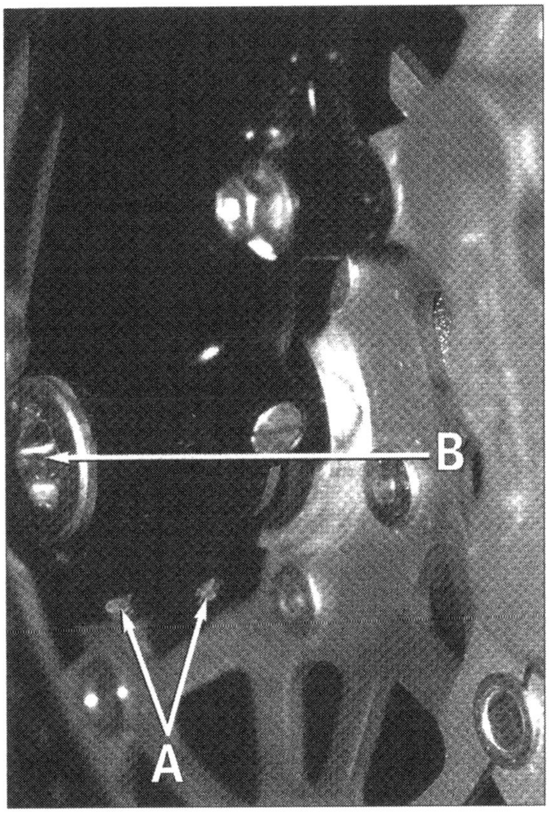

Bild 177
A Schrauben
B Achse

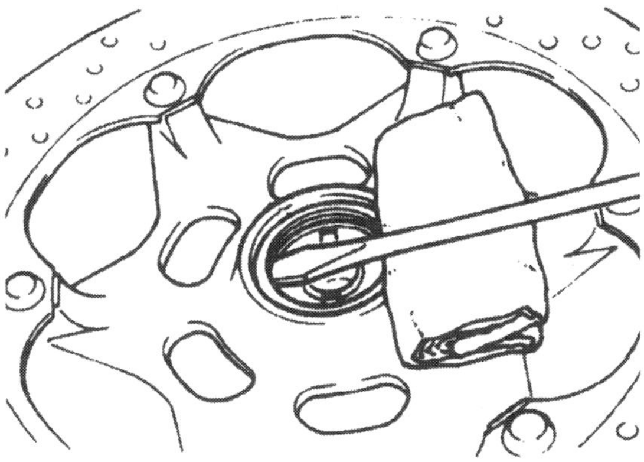

Bild 178
Wellendichtring ausheben

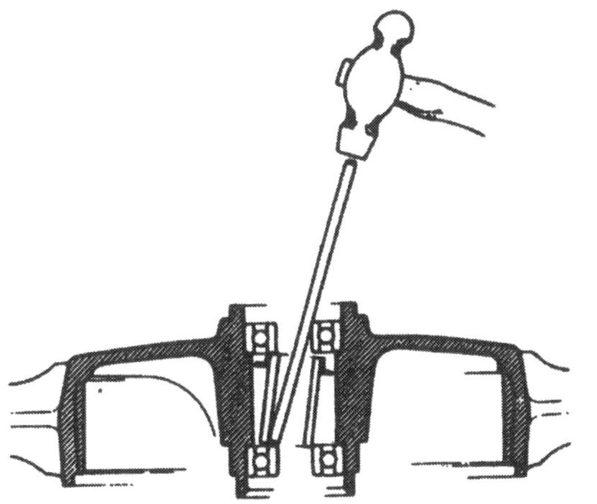

Bild 179
Radlager austreiben (Prinzipdarstellung)

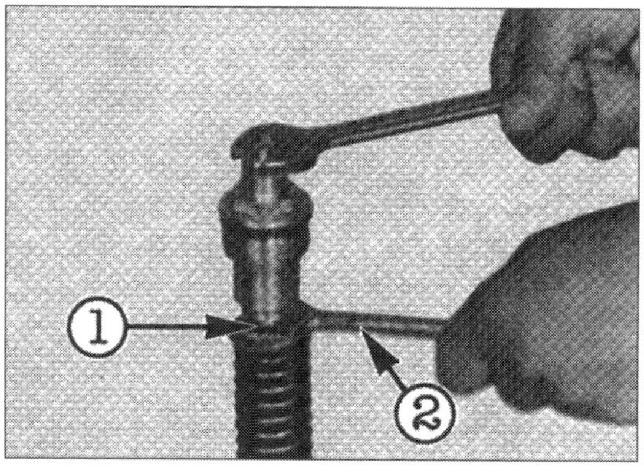

Bild 180
Obere Gabelverschluss-schraube/Einstelleinheit
1 Gegenmutter
2 Gabelschlüssel

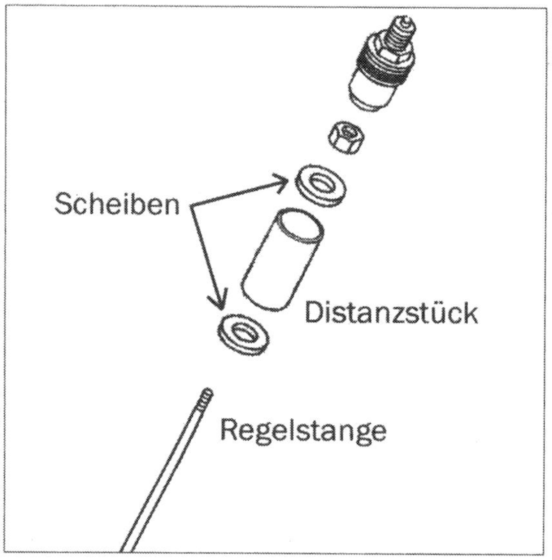

Bild 180a
Montage des Distanzstücks

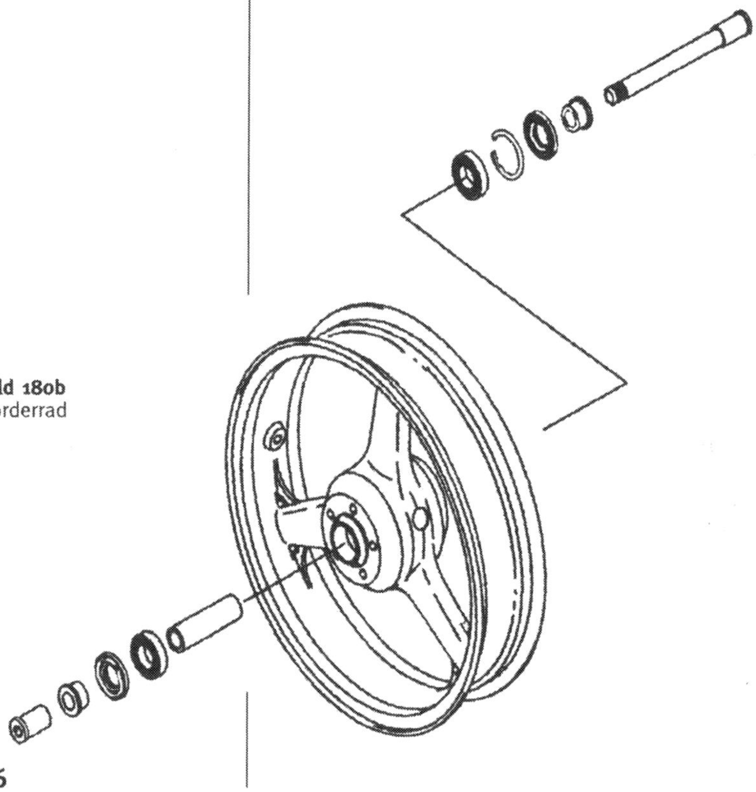

Bild 180b
Vorderrad

derringzange ausbauen und Radlager schrittweise immer gegenüber und mit kleinstmöglicher Schrägstellung austreiben. Es gilt dabei, eine Aufweitung des Lagersitzes so gut wie möglich zu vermeiden (**Bild 179**). Kawasaki verwendet dazu ein Spezialwerkzeug Nr. 57001–1377 und 1293.

17.1.2
Telegabel

- Einstellung des Lenkkopflagers *siehe Kapitel 3.15*.
- Zum Wechseln des Gabelöls müssen die Gabelbeine ausgebaut werden.
- Untere, mittlere und obere Verkleidung und „Schutzblech" ausbauen.
- Klemmbolzen der oberen und unteren Gabelbrücke sowie der Lenkerhälften lösen und die Gabelbeine mit leichtem Hin- und Herdrehen nach unten herausziehen.
- Falls man die Gabelbeine zerlegen muss, muss der obere Gabelstopfen gelöst werden. Und zwar nachdem sowohl die obere Gabelbrückenklemmung, als auch der Lenkerstummel lose ist, nicht aber die untere Gabelbrücke, da sie das Gabelrohr gegen hält.
- Beim Zerlegen der Gabel tut man gut daran, sich die Einbaulage sämtlicher Teile genau zu merken und sie beim Zusammenbau an die selbe Stelle des selben Tauchrohrs zu setzen.
- Gabelfedervorspannung minimieren (Vorspanner ganz herausdrehen) und den Stopfen abschrauben. Wenn man ihn anhebt, hängt die Kolbenstange daran. Dieselbe wie in **Bild 180** lösen und abschrauben.
- Nun werden Regelstange, Anlaufscheibe oben, Distanzstück, Anlaufscheibe unten und die Feder entnommen, siehe **Bild 180a**.
- Nun kann, mit viel Geduld und häufigem Pumpen mit der Kolbenstange, das Gabelöl herauslaufen.
- Gabelverschlussschraube (Dämpferstangenschraube) mit Hilfe des Kawasaki-Spezialwerkzeuges, Dämpferstangengegenhalter Nr. 57001–1406, öffnen.
- Mit einen Druckluftschrauber und dem geeigneten Innensechskanteinsatz kann

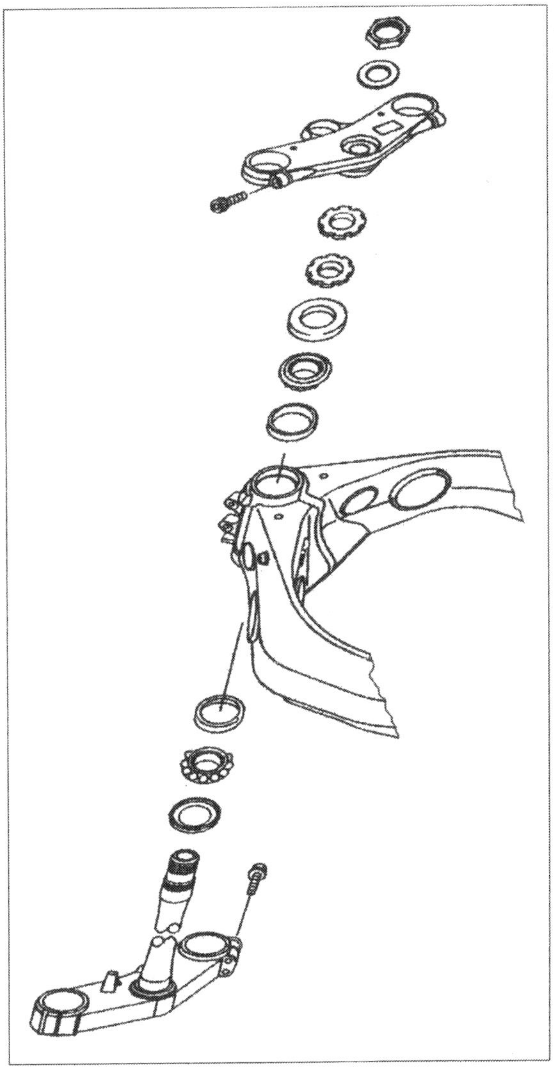

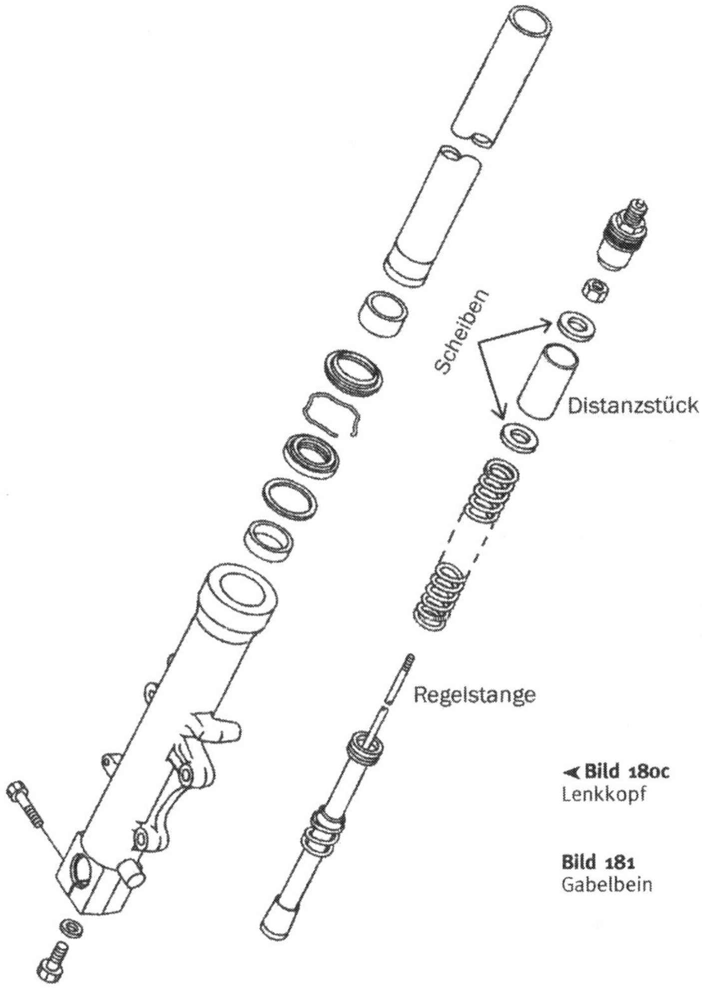

◄ **Bild 180c**
Lenkkopf

Bild 181
Gabelbein

diese Schraube auch ohne den Gegenhalter gelöst werden. Dazu spannt man die Gabel an den Gussaugen für die Bremszange in den Schraubstock, auf keinen Fall wie in **Bild 182**, und bittet einen Assistenten, kräftig am Standrohr zu ziehen oder es hineinzudrücken. Während dem Ziehen oder Drücken wird mit dem Druckluftschrauber die Dämpferstangenschraube gelöst. Auf diese Weise lässt sie sich auch wieder befestigen.

- Nun wird die Staubmanschette vorsichtig mit den Fingernägeln entfernt und der darunter liegende Federring ausgehebelt (**Bild 183**), ohne die Chromschicht zu beschädigen.
- Jetzt wird das Tauchrohr an den Bremszangenaugen sehr fest in einen möglichst schweren und gut verankerten Schraubstock eingespannt. Nach dem Ziehammerprinzip, mit sehr kräftigen Ruckbewegungen, wird nun der Stützring mitsamt der Unterlegscheibe und dem Simmering herausgetrieben.

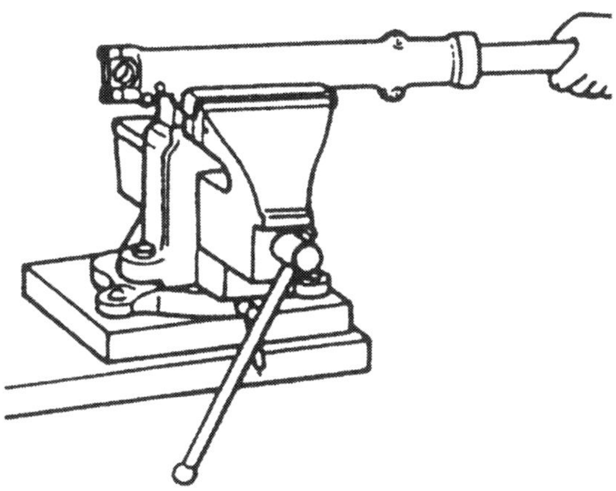

Bild 182
Standrohr herausziehen. Gabel auf keinen Fall so einspannen, immer an den Bremszangenaugen!

- Weiter muss die Gabel nicht zerlegt werden.

Bild 183
Federring aushebeln. Gabel nicht so einspannen.

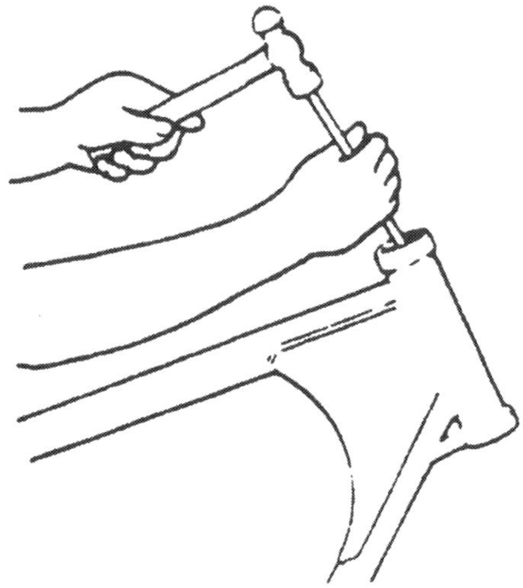

Bild 184
Lagerschalen herausschlagen.

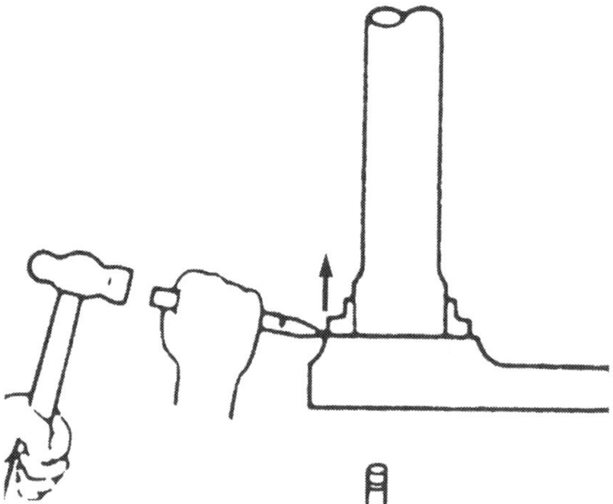

Bild 185
Laufring loshebeln

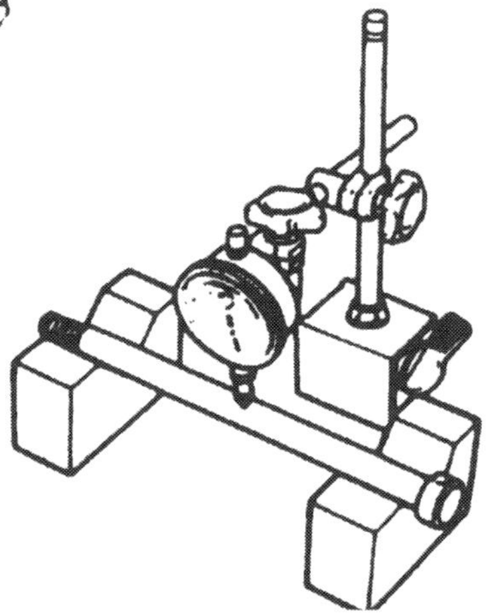

Bild 186
Achsschlag prüfen

17.1.3 Lenkkopflager

- Das Lenkkopflager muss nur ausgebaut werden, wenn es defekt ist.
- Obere Gabelbrücke entfernen, Kontermutter und Einstellmutter abschrauben und die untere Gabelbrücke nach unten herausziehen. Jetzt kann man die innere Hälfte des oberen Lenkkopflagers entnehmen.
- Die Lagerschalen, oben und unten im Lenkkopf, werden mit einem entsprechend langen Durchschlag, wie in **Bild 184**, in kleinen Schritten mit möglichst wenig Verkantung ausgetrieben, um den Lagersitz nicht aufzuweiten. Im Aluminiummaterial des Rahmens befinden sich vorne und hinten, beziehungsweise links und rechts Aussparungen, an denen man am Lagerring ansetzen kann.
- Die Lagerschale auf der unteren Gabelbrücke wird mit einem Meisel ebenso in kleinen Schritten und mit möglichst wenig Verkantung vom Sitz getrieben (**Bild 185**).

17.2 Prüfen und Vermessen

17.2.1 Vorderrad

- Vorderachse in Prismen auf Rundlauf prüfen (**Bild 186**). Sie ist bis 0,20 Millimeter brauchbar.
- Vorderrad in einem Zentrierständer oder sonst einer improvisierten Halterung auf Rundlauf prüfen (**Bilder 187** und **188**). Ein Höhenschlag ist tolerabel bis 0,5 Millimeter, ein Seitenschlag bis 0,8 Millimeter.
- Radlager mit dem Zeigefinger auf leichten Lauf kontrollieren, **Bild 189**.

17.2.2 Telegabel

- Gabelstandrohre in Prismen auf Rundlauf prüfen (**Bild 190**). Bis 0,05 Millimeter sind die Standrohre brauchbar, ist der Schlag grösser, kann man sie vielleicht in einer Fachwerkstatt richten lassen. Das ist bei einem 46-Millimeter-Standrohr nur bedingt möglich.

TIPP Fingerzeig
Exakt messen

- Freie Länge der Gabelfeder messen. Grenzwert ist 230 Millimeter.
- Sämtliche Bauteile und Flächen auf Riefen oder abnormen Verschleiss kontrollieren.

17.2.3 Lenkkopflager

- Das Lenkkopflager wird im eingebauten Zustand geprüft *(Kapitel 3.15)* und nur ausgebaut, wenn es defekt ist.
- Parallelität der Bohrungen in der unteren Gabelbrücke prüfen:
- Gerade Standrohre nur in der unteren Gabelbrücke festklemmen und mit Richtplatte deren Parallelität prüfen (**Bild 190a**). Die Platte muss überall anliegen.

17.3 Montage

17.3.1 Vorderrad

- Falls die Radlager ausgebaut waren, müssen neue verwendet werden. Lagersitze mit Druckluft gründlich reinigen und die Lager gut gefettet mit passendem Rohr oder Sechskantnuss am Aussenring einreiben, ohne zu verkanten. Das Distanzstück vor dem Montieren des zweiten Lagers nicht vergessen. Anschliessend wird der Wellendichtring bündig mit der Aussenkante eingepresst.
- Beim Montieren der Bremsscheibe wird flüssige Schraubensicherung verwendet (27 Nm). Dabei auf die ursprüngliche Laufrichtungen der Bremsscheiben achten.
- Vorderrad in richtiger Laufrichtung mit beiden Distanzhülsen und Vorderachse montieren, Achse festziehen (125 Nm), dann Achsklemmbolzen festziehen (20 Nm).
- Bremssättel montieren (34 Nm) und Bremse testen.

17.3.2 Telegabel

- Sämtliche Gabelteile mit frischem Gabelöl benetzen.
- Neue Simmeringe und Gleitbuchsen verwenden.

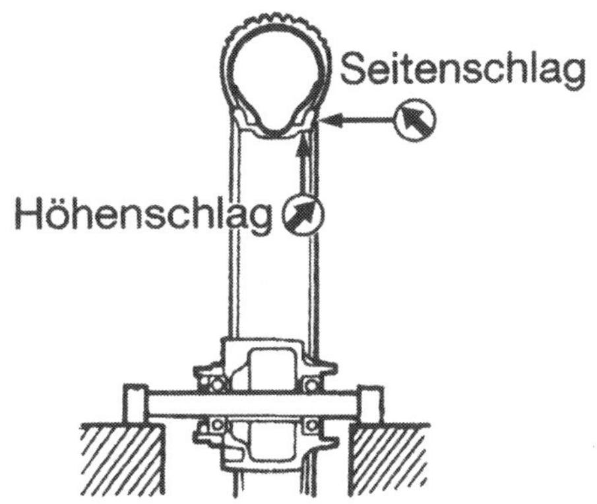

Bild 187
Seiten- und Höhenschlag prüfen

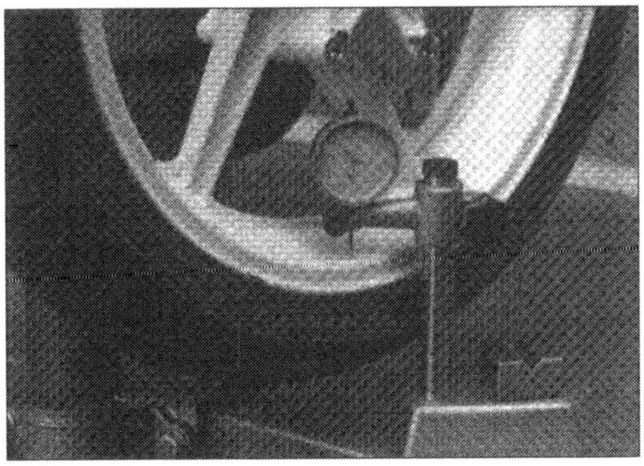

Bild 188
Improvisierte Felgenschlag-Messung

Bild 189
Fingerprobe an Radlagern

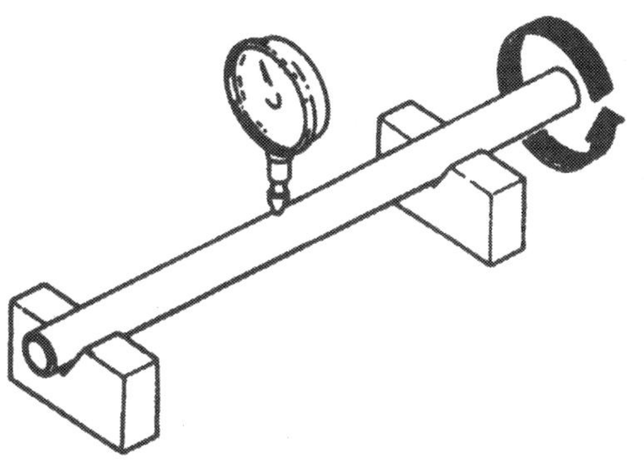

Bild 190
Schlag der Standrohre messen

Bild 190a
Standrohr-Parallelität mit geschliffener Platte prüfen

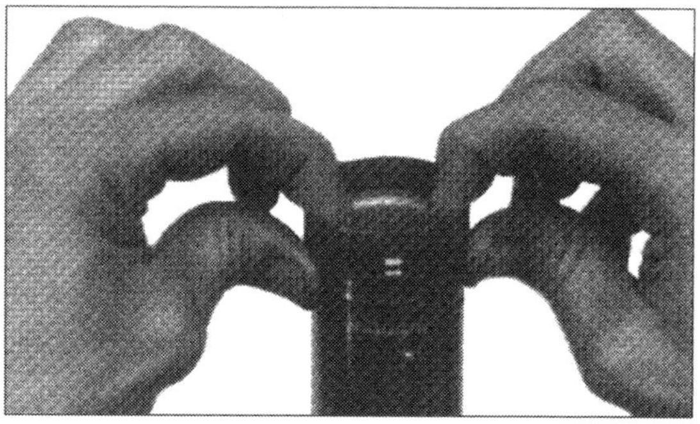

Bild 191
Buchse von Hand montieren

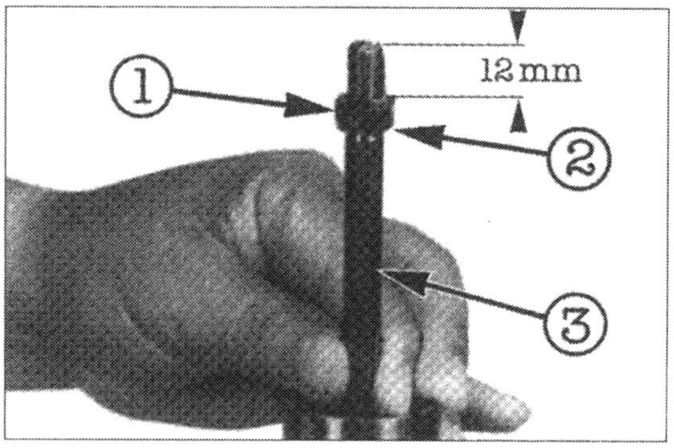

Bild 192
Dämpferpatrone entlüften und vormontieren

1	Gegenmutter
2	Abgeschrägte Seite
3	Dämpferstange

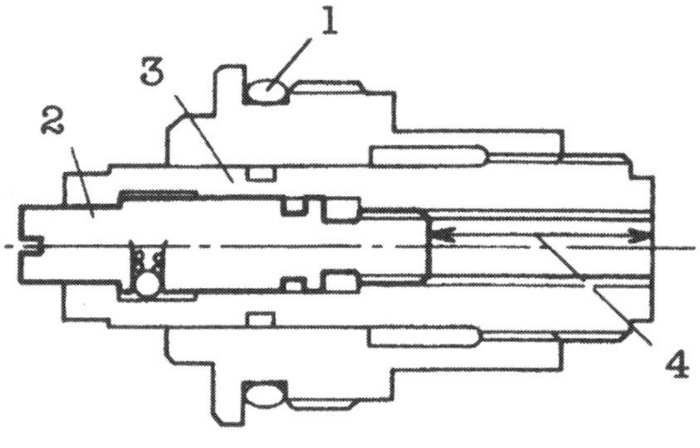

Bild 193
Gabelverschlussschraube

1	O-Ring
2	Dämpfungseinsteller
3	Vorspannungs-einsteller
4	Abstand 25 mm

- Teile in der Weise von **Bild 181** zusammenbauen. Wir beginnen mit dem Standrohr: Neue Standrohrbuchse aufstecken (**Bild 191**), dann von oben her eine neue Tauchrohrbuchse aufschieben. Jetzt wird die Anschlagbremse aus Aluminium auf die Dämpferstange gesetzt und das gut geölte Standrohr ins Tauchrohr eingeführt.
- Durch die Gabelverschlussschraube (mit Kupferdichtung) wird nun das Standrohr an der Dämpferstange mit dem Tauchrohr verschraubt. Gegenhalten mit Kawasaki-Werkzeug 57001–1406 oder ohne Gegenzuhalten mit dem Druckluftschrauber. Flüssige Schraubensicherung sehr sparsam verwenden (39 Nm).
- Nun wird die neue Tauchrohrgleitbuchse mit Hilfe der alten und einem passenden Rohr in das Tauchrohr gepresst.
- Unterlegscheibe einlegen und den Simmerring wie oben einpressen. Dann den Federring einrasten lassen und die Staubkappe aufsetzen.
- Nun wird das Standrohr bis zum Anschlag ins Tauchrohr geschoben und, ohne die Feder einzubauen, das Gabelöl eingefüllt:
  trocken 535 ± 4 Kubikzentimeter
  beim Ölwechseln 455 Kubikzentimeter
- Entlüften: oberes Ende der Dämpferstange im Standrohr behelfsmässig mit Draht oder Ähnlichem hochziehen und langsam hin und her pumpen, bis keine Luftblasen mehr aufsteigen.
- Kawasaki verwendet dazu das Spezialwerkzeug 57001–1289, das man sich leicht selber herstellen kann: eine japanische M12-Mutter (Steigung 1,25) wird auf ein Stahlrohr mit mindestens 13 Millimeter Innendurchmesser geschweisst.
- Ölstandkontrolle, nach dem Entlüften: Standrohr ganz eingeschoben, ohne Feder:
- 118 ± 2 Millimeter unterhalb der Oberkante des Standrohres.
- Nun wird die Kolbenstange wieder hochgezogen und kontrolliert, ob die Mutter mit der Fase nach unten sitzt und oben mindestens 12 Millimeter Gewinde zu sehen sind, Bild 192.
- Die Regelstange wird nun in die Kolbenstange geschoben, die Feder mit dem dünneren Ende nach oben eingesetzt und das Distanzstück mit beiden Anlaufscheiben aufgesetzt.
- Verschlussstopfen auf Mass 4 gleich 25 Millimeter einstellen (**Bild 193**) und mit

geöltem O–Ring ganz auf die Kolbenstange aufschrauben und die Mutter kontern (**Bild 180**). Anzugsmoment 27 Nm.

- Als Letztes wird das Standrohr angehoben und der Verschlussstopfen eingeschraubt. Erst wenn das Standrohr wieder an der unteren Gabelbrücke festgeklemmt ist, wird der Stopfen auf 23 Nm festgezogen.
- Gabelbeine mit Drehbewegungen in die Gabelbrücken und Lenkerhälften schieben, bis die Oberfläche der oberen Gabelbrücke auf derselben Ebene liegt, wie die Oberkante des Standrohrs.
- Untere Gabelklemmbolzen anziehen (20 Nm), dann die Stopfen festziehen (23 Nm), obere Klemmbolzen anziehen (20 Nm), Lenkerklemmbolzen anziehen (25 Nm).
- Schutzblech montieren.

17.3.3 Lenkkopflager

- Lagersitze im Lenkkopf und an der unteren Gabelbrücke gründlich reinigen (Druckluft) und die Lagerschalen einpressen.
- 1. Gabelbrücke: zuerst die Dichtung aufsetzen, dann mit einem Rohr die gefettete Lagerschale am inneren Bund auf den Sitz treiben (**Bild 194**). Notfalls Lagerschale etwas erwärmen.
- 2. Lenkkopf: Lagersitze fetten und Lagerschalen mit improvisiertem Einziehwerkzeug einziehen (**Bild 195**). Besonders darauf achten, dass nichts verkantet und somit der Lagersitz aufgeweitet wird.
- Wälzkörper gut fetten und die untere Gabelbrücke mit komplettem unteren Lager in den Lenkkopf schieben. Oberes Lager und Steuerkopfkappe aufsetzen und mit der Kronenmutter etwa auf 20 Nm festziehen. Die Lenkung mehrmals nach links und rechts einschlagen, damit sich das Lager richtig setzt. Später wird die Mutter wieder gelöst.
- Lenkkopflager einstellen, *siehe Kapitel 3.15*.

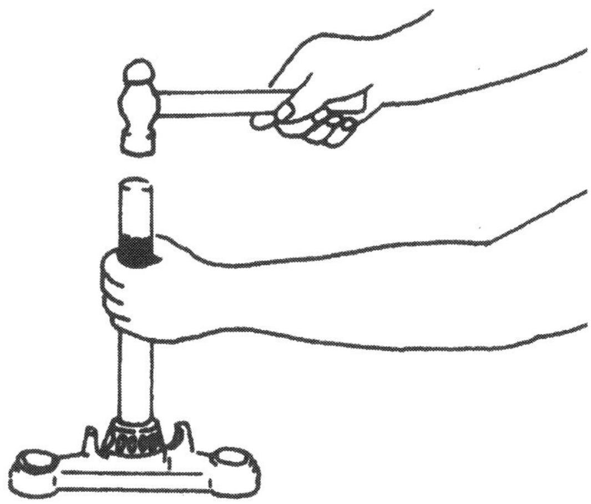

Bild 194
Lagerschale auftreiben

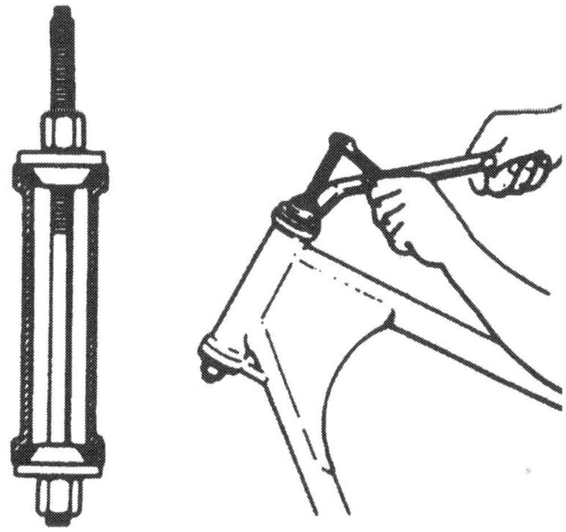

Bild 195
Lagerschalen einziehen

Heckpartie

Vorsicht! ⚠
Aufgepasst!

18.1
Ausbau (**Bilder 196a** und **196b**)

Bild 196a
Heckpartie

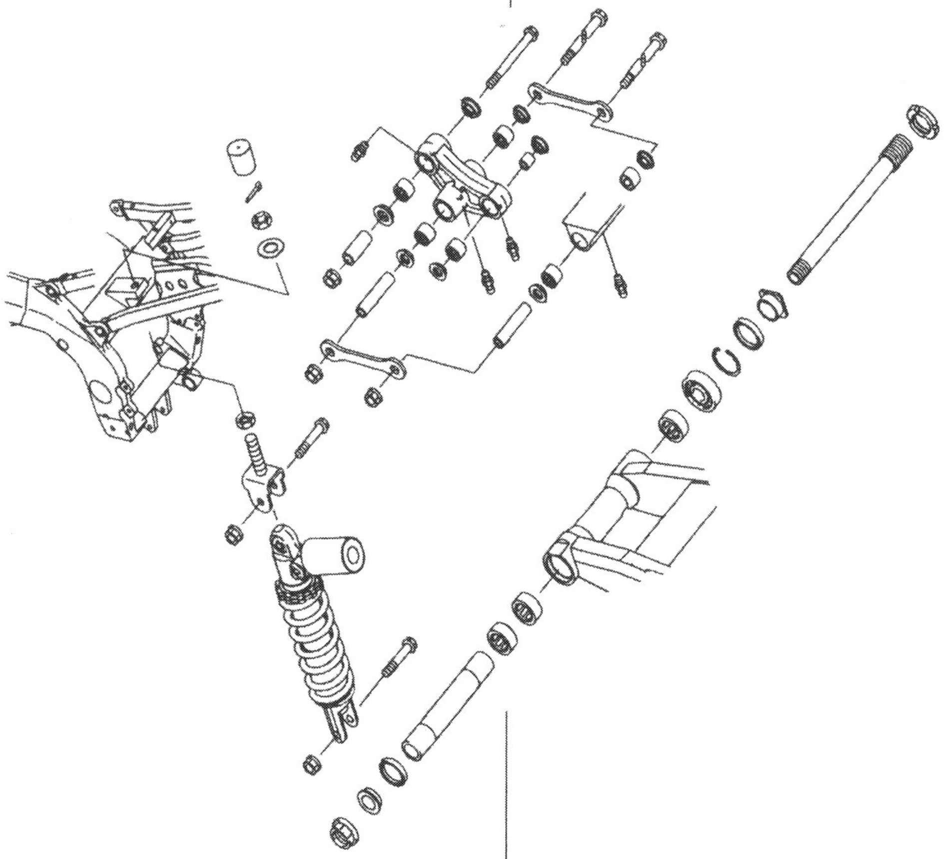

Bild 196b
Hinterrad mit Ruckdämpfer

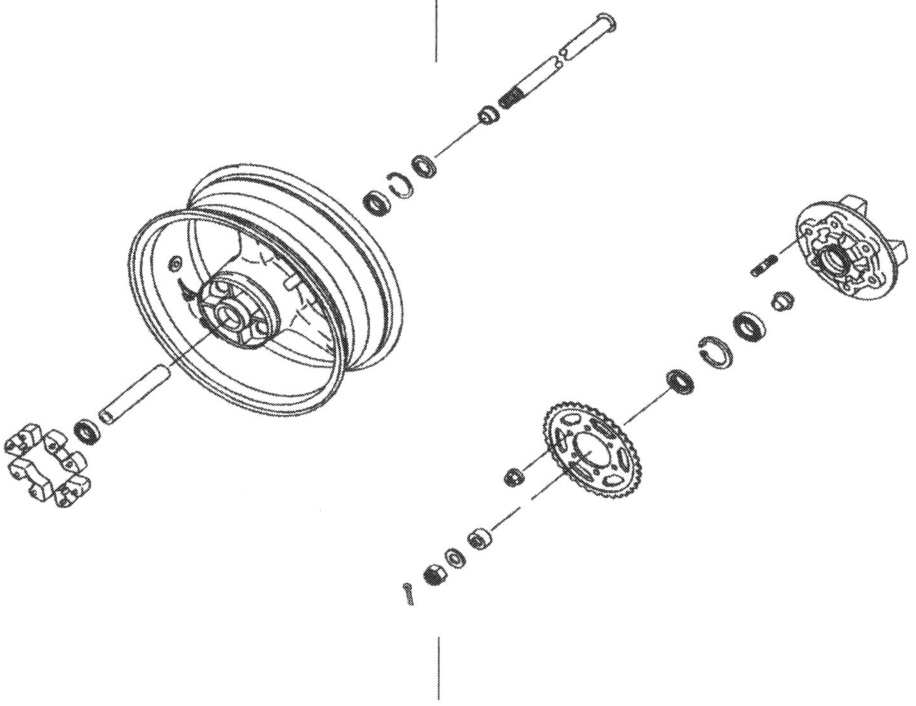

Bild 196
Splint der Mutter entfernen

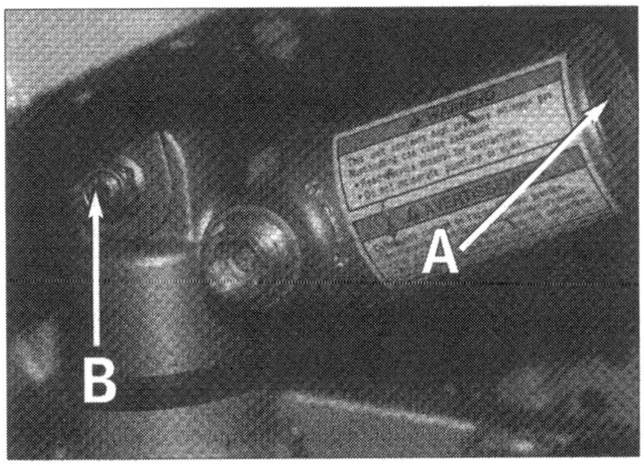

Bild 197
Plastikkappe (A) und obere Verschraubung (B)

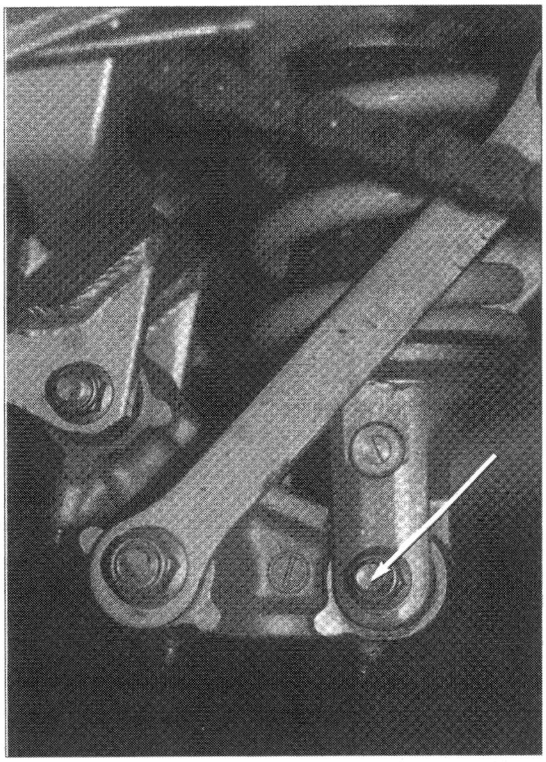

Bild 198
Untere Verschraubung (Pfeil)

- Zum Ausbau von Hinterrad oder Schwinge muss das Motorrad sicher aufgebockt sein. Falls die in *Kapitel 17.1* beschriebene Dreipunktmethode angewendet werden soll, muss man alle zu lösenden Schrauben schon vorher lockern. Die drei Punkte sind diesmal der unterlegte Seitenständer, das Vorderrad und ein Wagenheber, der rechts hinten am Rahmen oder Motor angesetzt wird. Die Rüttelkontrolle nicht vergessen.
- Kawasaki verwendet hier eine Motorradhebebühne mit Vorderradeinspannung und ein Spezialwerkzeug : Heber Nr. 57001–1238.

18.1.1
Hinterradausbau

- Splint der Mutter entfernen (**Bild 196**), Mutter lösen, Achse herausziehen. Hinterrad etwas nach vorne schieben und die Antriebskette nach links vom Zahnkranz abnehmen. Dann wird das Rad zurück geschoben und mit der Bremsscheibe aus dem Bremssattel gezogen.
- Auf beide Distanzstücke achten.
- Ist das Rad draussen, kann der Antriebsruckdämpfer abgenommen werden. Dabei ist auf die Position des Ruckdämpferdistanzstücks zu achten.
- Das Kettenrad kann mit den sechs gesicherten Muttern abgeschraubt werden.
- Der Ruckdämpfer verfügt über ein eigenes Lager, das unter dem Wellendichtring liegt und wie bei den Radlagern von einem Federring in Position gehalten wird.
- Das Hinterrad darf bei hartem Boden nicht auf die Bremsscheibe gelegt werden.
- Falls notwendig: Bremsscheibe, Radlager und Wellendichtring entfernen, *wie in Kapitel 17.1.1* beim Vorderrad.

18.1.2
Federbein und Hebeleinheit

- Sitzbänke und Auspufftopf entfernen, obere und untere Verschraubung des Federbeins lösen und das Federbein nach oben herausnehmen (**Bilder 197** und **198**).

⚠ Beim Verschrotten des Hinterradfederbeins ist unbedingt vorher der Stickstoff abzulassen. Das Ablassventil befindet sich unter der Kappe des Zylindrischen Gasbehälters. Vorsicht, das Ventil in eine sichere Richtung halten, der Stickstoff steht unter hohem Druck!

- Schwingenhebel und Zugstangen an ihren Verschraubungen lösen, die Einbaulage notieren, und entfernen (**Bild 198**).

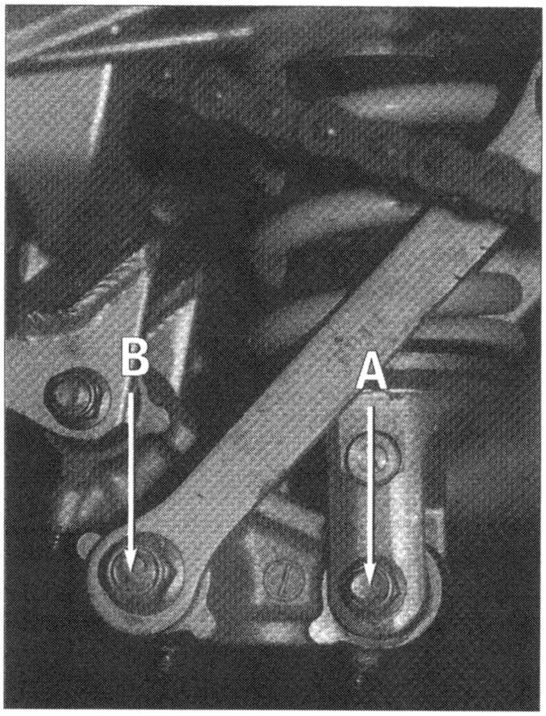

Bild 199
A Verschraubung Federbein unten
B Zugstangenverschraubung an der Schwinge

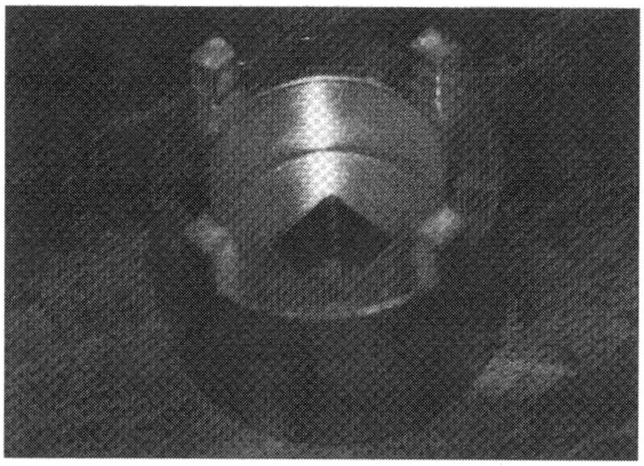

Bild 200
Spezialwerkzeug Kawasaki 57001-1354

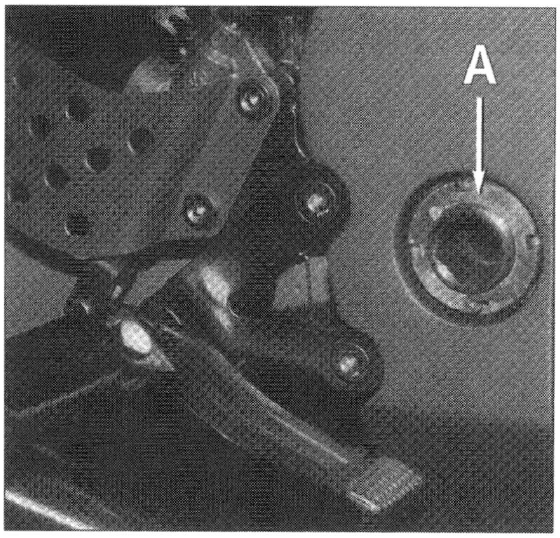

Bild 201
Kronenmutter (A) an der Schwingenachse rechts

18.1.3 Schwinge

- Hinterrad, Kettenschutz und die Schelle für den Bremsschlauch ausbauen. Verschraubung des Stossdämpfers unten A (**Bild 199**) und Verschraubung der Zugstange an der Schwinge B lösen.
- Obere Verschraubung des Federbeins (**Bild 197**) nur lockern.
- Nutkontermutter rechts an der Schwingenachse (**Bild 201**) mit Kawasaki-Spezialsteckschlüssel Nr. 57001–1354 (**Bild 200**) lösen und entfernen, dann auf der linken Seite die Sechskantmutter (**Bild 202**) entfernen.
- Nun kann die Schwingenachse am Innensechskant rechts herausgeschraubt werden. Die Schwinge wird dadurch frei und kann nach hinten herausgefädelt werden. Auf die Positionen der Distanzbuchsen muss geachtet werden.
- Schwingenlager ausbauen: Die Schwingenlager gehen beim Ausbau kaputt. Deswegen werden sie nur bei Bedarf gegen neue gewechselt. Federring auf der rechten Seite mit Seegerringzange ausbauen und alle Lager austreiben (**Bild 203**).

18.2 Prüfen und Vermessen

18.2.1 Hinterrad

- Wie in *Kapitel 17.2.1* verfahren.

18.2.2 Federbein und Hebeleinheit

- Die Hebeleinheit wird insgesamt auf Leichtgängigkeit und Spiel kontrolliert und gereinigt. Müssen Lager getauscht werden, soll dies als Satz geschehen und zwar komplett mit der jeweiligen Laufhülse.
- Das Federbein kann im ausgebauten Zustand nicht so leicht geprüft werden. Beim Fahren merkt man jede Unzulänglichkeit.

18.2.3 Schwinge

- Die gesamte Schwinge wird nach Rissen und Verzug untersucht.
- Die Schwingenlager lassen sich leicht prüfen, wenn die Schwinge noch eingebaut ist, Hinterrad und Stossdämpfer aber ausgebaut sind. Die Schwinge darf in keiner Position fühlbares Spiel aufweisen, muss aber dennoch leicht und frei schwingen.
- Falls die Schwinge Spiel hat, prüfen wir zuerst, ob die Achse richtig angezogen ist. Beide Muttern der Schwingenachse werden entfernt und die Achse wird ein Stück herausgedreht. Nun wird sie wieder angezogen, bis das Spiel auf der rechten Seite zwischen Rahmen und der Distanzbuchse gerade verschwunden ist. Jetzt wird die normale Mutter auf der linken Seite mit 125 Nm festgezogen, danach die Kronenkontermutter mit 98 Nm. Hat die Schwinge immer noch Spiel, müssen die Lager gewechselt werden.

18.3 Montage

18.3.1 Hinterrad

- Falls die Radlager ausgebaut wurden, müssen neue verwendet werden. Der Einbau erfolgt wie in *Kapitel 17.3.1* beschrieben.
- Der Ruckdämpfer verfügt unter dem Wellendichtring über einen Federring und ebenfalls über ein Lager. Der Aus- und Einbau erfolgt analog zu den Radlagern.
- Hinterrad mit Ruckdämpfer und innerem Distanzstück zwischen die Schwingenholme schieben, Kette auf das Kettenrad legen und die Bremssattelhalterung mit der Bremszange zuerst auf die Scheibe schieben und dann auf die Anschlagsrippe innen an der Schwinge schieben. Distanzstücke und Achse gut gefettet montieren, Kette spannen, *siehe Kapitel 3.13* und festziehen (Mutter 125 Nm).

Bild 202
Normale Mutter der Schwingenachse links

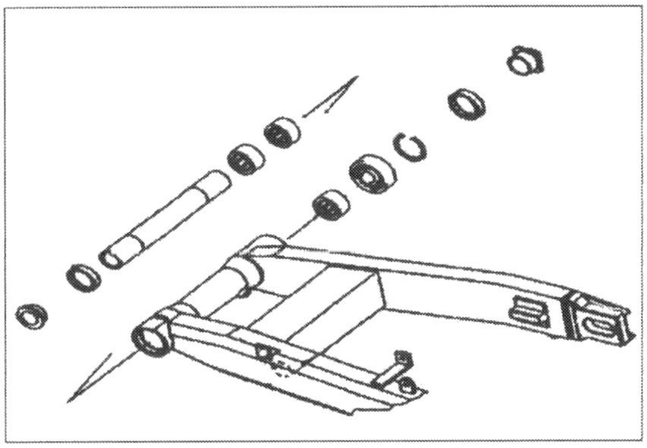

Bild 203
Schwinge mit Lagern

18.3.2 Schwinge, Federbein und Hebeleinheit

- Das gut gefettete Schwingenlager und die Nadellager werden mit der Herstellermarkierung nach innen, das Kugellager mit der Markierung nach aussen montiert. Eingetrieben werden die Lager mit möglichst genau auf den Presssitz passenden Rohren. Federring nicht vergessen.
- Schwinge mit den Distanzbuchsen versehen und mit der Antriebskette zusammen in den Rahmen schieben. Schwingenachse von links einstecken und festziehen, bis das Spiel zwischen dem Rahmen und der rechten Distanzbuchse gerade verschwunden ist. Nun wird die normale Mutter auf der linken Seite mit 125 Nm festgezogen, dann die Kronenkontermutter mit 98 Nm. Hat die Schwinge immer noch Spiel, müssen die Lager gewechselt werden.
- Nun werden Federbein, die Umlenkhebel und die Zugstangen in der ursprünglichen Position mit gut gefetteten Lagern montiert. Anzugsmomente: alle 34 Nm, ausser den beiden Zugstangenverschraubungen, diese bekommen 59 Nm.

Kabel und Züge

Für die dauerhafte Funktion der Bowdenzüge, Kabelstränge und Schläuche ist die richtige Verlegung sehr wichtig. Die folgenden Übersichtszeichnungen helfen bei der Neuverlegung.

- Beim Auswechseln von Zügen oder Schläuchen wird zuerst der neue parallel zum alten verlegt, dann erst der alte entfernt (**Bilder 204, 205** und **206**).

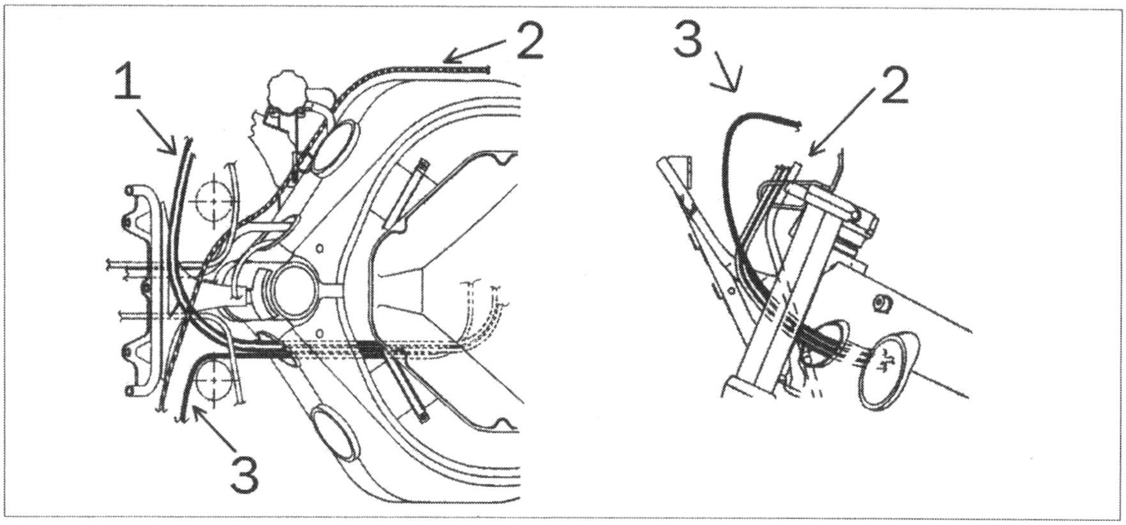

Bild 204
Verlegung der Züge
1 Gaszüge
2 Kupplungszug
3 Chokezug

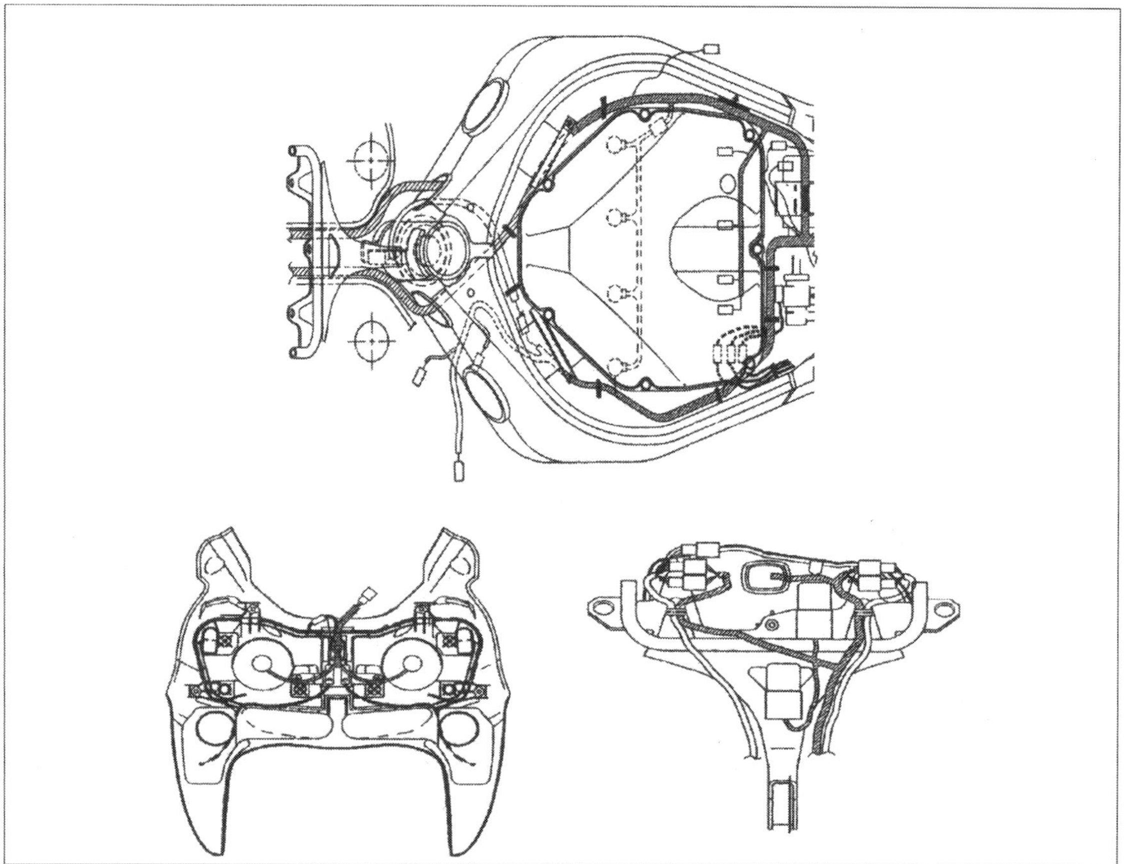

Bild 205
Anordnung der elektrischen Leitungen

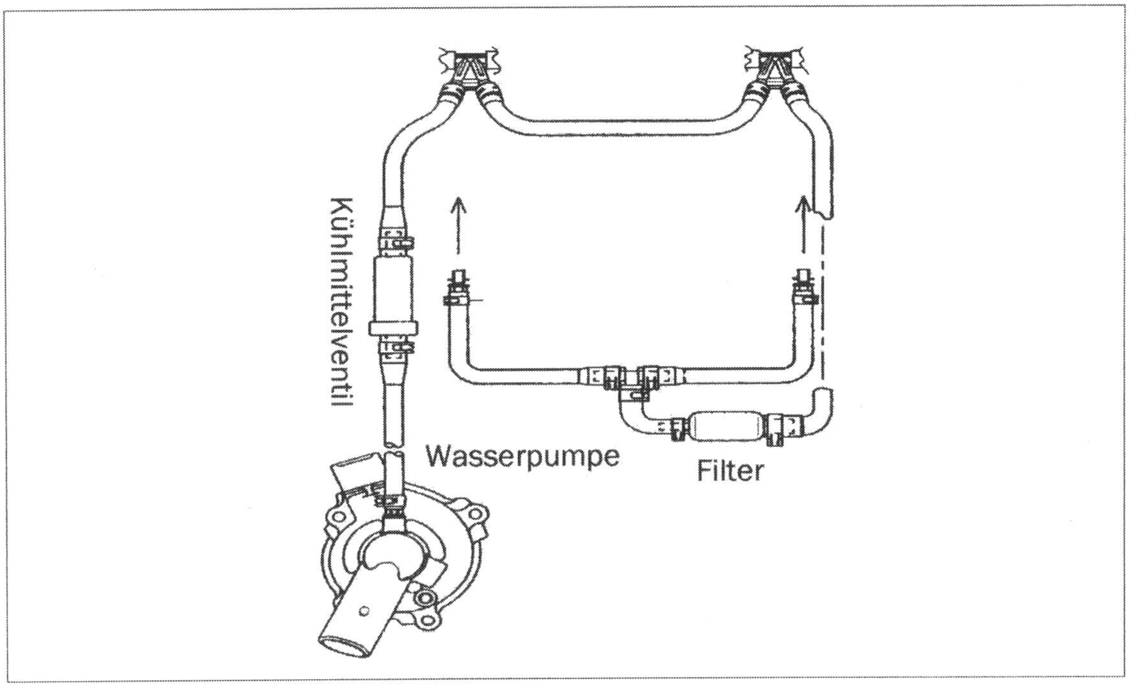

Bild 206
Kühlmittelschläuche. Vergaserkreislauf

Technische Daten

Allgemeine Daten

Abmessungen und Leergewicht

Einheit: Millimeter

Gesamtlänge	2050
Gesamtbreite	730
Gesamthöhe	1155
Radstand	1455
Bodenfreiheit	160
Sitzhöhe	810
Trockengewicht	183 kg
Gewichtsverteilung:	
– vorne	107 kg
– hinten	102 kg
Tankinhalt	19 Liter
kleinster Wendekreis	3,2 Meter

Motor

Typ	Vierzylinder, DOHC, Flüssigkeitskühlung, 16 Ventile
Bohrung und Hub	75.0 x 50.9 mm
Hubraum	899 ccm
Verdichtung	12,2 : 1
Leistung	106 kW (144 PS) bei 11 000/min
Drehmoment	101 Nm (10,3 mkp) bei 9200/min
Vergaser	Keihin CVRD 40 x 4
Schmiersystem	Nasssumpf mit Ölkühler, Druckumlaufschmierung
Ölsorten	SE, SF, SG, Viskosität in Mitteleuropa 20W-40
Ölmenge	3,8 Liter
Öldruck bei 4000/min	120 bis 180 kPa (1,2 bis 1,8 bar) bei 90 Grad Celsius
Zündverstellung	digital
Zündzeitpunkt	von 10 Grad vor OT (1100/min) bis 37,5 Grad vor OT (5000/min)
Zündfolge	1 – 2 – 4 – 3
Zündkerzen	NGK CR9EK oder ND U27ETR
Steuerzeiten:	
– Einlass öffnet	45 Grad vor OT
– Einlass schliesst	75 Grad nach UT
– Dauer	300 Grad
– Auslass öffnet	66 Grad vor UT
– Auslass schliesst	46 Grad nach OT
– Dauer	292 Grad

Getriebe

Typ	Klauengeschaltet, Zahnräder ständig im Eingriff
Primärübersetzung	Zahnradpaar 1,714 (84 zu 49 Zähne)
Sekundärübersetzung	Kette mit Ritzeln 2,563 (41 zu 16 Zähne)
Gangabstufungen:	
1. Gang	Zahnradpaar 2,571 (36 zu 14 Zähne)
2. Gang	Zahnradpaar 1,941 (33 zu 17 Zähne)
3. Gang	Zahnradpaar 1,556 (28 zu 18 Zähne)
4. Gang	Zahnradpaar 1,333 (28 zu 21 Zähne)
5. Gang	Zahnradpaar 1,200 (24 zu 20 Zähne)
6. Gang	Zahnradpaar 1,095 (23 zu 21 Zähne)
Gesamtübersetzung im 6. Gang	4,811

Fahrgestell

Rahmen	Aluminium-Profilrohrrahmen
Nachlaufwinkel	24 Grad
Nachlaufbetrag	97 mm
Bereifung vorne	120/70 ZR 17 58W, schlauchlos
Bereifung hinten	190/50 ZR 17 73W, schlauchlos
Telegabel	120 mm Federweg
Schwinge	135 mm Federweg

Elektrische Anlage

Starterbatterie	12 Volt, 8 Amperestunden
Lichtmaschine	Drehstromwicklung mit Permanentmagnetrotor
– Leistung	33 Ampere / 14 Volt bei 5000/min
Sicherungen	alle 10 Ampere
Hauptsicherung	30 Ampere

Wartungsdaten

Ventile und Führungen

	Standard	*Verschleissgrenze*
Ventilspiel:		
– Auslass	0,22 bis 0,31 mm	
– Einlass	0,15 bis 0,24 mm	
Ventiltellerdicke:		
– Aus	0,8 mm	0,5 mm
– Ein	0,5 mm	0,25 mm
Ventilschaftverbiegung	0,01 bis 0,05 mm	max. Gesamtanzeige

Ventilschaftdurchmesser:		
– Ein	4,49 mm	4,46 mm
– Aus	4,47 mm	4,44 mm
Ventilführung:		
– Ein	4,50 mm	4,58 mm
– Aus	4,50 mm	4,58 mm
Ventilkippen (Kapitel 11.3)		
– Ein	0,03 mm	0,35 mm
– Aus	0,09 mm	0,45 mm
Fräswinkel der Sitze	45, 32, 60 Grad	
Ventilsitzbreite:		
– Ein	0,5 mm	1,0 mm
– Aus	0,5 mm	1,0 mm
Ventilfederlängen:		
– Aus innen	35,3 mm	32,7 mm
– Aus aussen	39,2 mm	38,1 mm
– Ein innen	34,6 mm	33,0 mm
– Ein aussen	38,6 mm	37,4 mm

Nockenwelle und Zylinderkopf

	Standard	*Grenzwert*
Nockenhöhe:		
– Auslass	36,643 bis 36,757 mm	36,54 mm
– Einlass	37,143 bis 37,257 mm	37,04 mm
Nockenwellenlagerspiel	0,028 bis 0,071 mm	0,16 mm
Nockenwellenschlag	0,02 mm Gesamtanzeige	0,1 mm Gesamtanzeige
Steuerkettenlänge über 20 Glieder	127,0 mm	128,9 mm
Verzug der Dichtfläche	–	0,05 mm

Zylinder, Kolben und Ringe

	Standard	*Grenzwert*
Zylinderdurchmesser	74,97 bis 74,982 mm	75,1 mm
Kolbendurchmesser	74,945 bis 74,960 mm	74,79 mm
Ringspiel in Ringnut:		
– oben	0,04 mm	0,18 mm
– unten	0,03 mm	0,17 mm
Ringstoss:		
– oben	0,20 mm	0,6 mm
– unten	0,35 mm	0,8 mm
Kompression bei 300/min	1070 bis 1620 kPa	(10,9 bis 16,5 bar)

Pleuel und Kurbelwelle

	Standard in mm	*Grenzwert in mm*
Pleuelfussseitenspiel	0,13 bis 0,38	0,58
Pleuelfuss Lagerspiel	0,036 bis 0,066	0,10
Kurbelzapfendurchmesser:		
– ohne Markierung	34,984 bis 34,992	
– mit Markierung	34,993 bis 35,000	

Pleuellagerschalen:		
– braun	1,475 bis 1,480	
– farblos	1,480 bis 1,485	
– blau	1,485 bis 1,490	
Kurbelwellenseitenspiel	0,05 bis 0,20	0,40
Kurbelwellenschlag	–	0,05 Gesamtanzeige
Hauptlagerspiel	0,020 bis 0,044	0,07
Hauptlagerzapfendurchmesser:		
– ohne Markierung	32,984 bis 32,992	
– mit Markierung	32,993 bis 33,000	
Hauptlagerschalen:		
– braun	1,490 bis 1,494	
– farblos	1,494 bis 1,498	
– blau	1,498 bis 1,502	

Kupplung

	Standard in mm	*Grenzwert in mm*
Seilzugspiel am Hebelstoss	2 bis 3	
Reibscheibendicke	2,72 bis 2,88	2,2
Verzug der Stahlscheiben	bis 0,2	0,3
Freie Länge der Federn	73,49	69,9

Getriebe

	Standard in mm	*Grenzwert in mm*
Schaltgabeldicke	5,9 bis 6,0	5,8
Breite der Schaltgabelnuten	6,05 bis 6,15	6,25
Schaltgabelführungsbolzen	6,9 bis 7,0	6,8
Schaltwalzennuten Breite	7,05 bis 7,20	7,3

Vergaser

Typ	Keihin CVRD 40 x 4
Hauptdüse	Vergaser 1 und 4: #160 Vergaser 2 und 3: #165
Hauptluftdüse	#70 (mit Wabenkatalysator #50)
Düsennadel	N9BB
Leerlaufdüse	#38
Leerlaufluftdüse	#90
Leerlaufschraube	1 5/8 Umdrehungen herausgedreht
Chokedüse	#48
Leerlaufdrehzahl	1100 ± 50/min
Synchronisierung, Druckdifferenz	weniger als 2,7 kPa (2 cm Quecksilbersäule)
Kraftstoffniveau	18,5 ± 1 mm unterhalb der Markierung am Gehäuse

Elektrische Anlage

Lichtmaschine:	
Drehstromwicklung, Widerstand	0,1 bis 0,6 Ohm zwischen den Phasen
Leerlaufphasenspannung	mehr als 46 Volt
Abregelspannung	14,7 ± 0,5 Volt
Zündung:	
Impulsgeberwiderstand	375 bis 565 Ohm
Impulsgeberspitzenspannung	mindestens 3,6 Volt
Zündspule Widerstand:	
– primär	0,85 bis 1,15 Ohm
– sekundär	9,6 bis 14,4 Kiloohm
Primärspitzenspannung	Mindestens 96 Volt
Elektrodenabstand	0,7 bis 0,8 mm
Anlasser:	
Kohlenlänge	12 mm; Verschleissgrenze 8,5 mm
Kollektordurchmesser	28 mm; Verschleissgrenze 27 mm
Benzinpumpendruck	11 bis 16 kPa (0,11 bis 0,16 bar)

Füllmengen

Kraftstofftank inkl. Reserve	19 Liter Benzin bleifrei, 85 bis 95 Oktan oder mehr (siehe auch im „owner´s manual“)
Ölmenge beim Wechsel	3,1 Liter
– mit Filterwechsel	3,3 Liter
– Trockenfüllung	3,8 Liter

Sonstige Daten

Reifendruck:	
– vorne	2,5 bar
– hinten	2,9 bar
Kettendurchhang	25 bis 40 mm
Kettenlänge über 20 Glieder	317,5 bis 318,2 mm; Verschleissgrenze 323 mm
Gliederzahl	110

Anzugsdrehmomente

Allgemein

Gewindedurchmesser	Anzugsdrehmoment in Nm (Newtonmeter)
5	3,4 bis 4,9
6	5,9 bis 7,8
8	14 bis 19
10	25 bis 34
12	44 bis 61

Schrauben am Kraftstoffsystem

Ablassschraube Vakuumsystem	1,0
Benzinhahnschrauben	2,5

Kühlsystem

Vergaserheizung, Schellen	1,5
sonstige Schellen	2,5
Bypassdeckel	11 mit Schraubensicherung
Stutzen für Kühlschläuche	5,4
Blindbolzen am Zylinder	5,4
Blindbolzen an der Wasserpumpe	11
Ablassschraube Wasserpumpe	11
Kühlgebläseschalter	18
Wassertemperatursensor	7,8 mit Silikondichtmittel
Flügelradbolzen der Wasserpumpe	10
Wasserpumpendeckelschrauben	11
Thermostatventilgehäuse	11
Wasserschlauchhohlschraube	11

Motoroberteil

Zündkerzen	13
Luftansaugventildeckel	13
Synchronisieröffnungsblindbolzen	5,4
Synchronisieradapter	5,4
Zylinderkopfdeckel	10
Impulsgeberdeckel	10
Steuerkettenspannerbefestigung	10
Lagerdeckel der Nockenwelle	12
Steuerkettenführung oben	12
Kettenblätter der Nockenwellen	12 mit Schraubensicherung
Zylinderkopfschrauben:	
– M10 neue	54
– M10 gebrauchte	49
– M6	12
Blindstopfen Zylinderkopf	22 mit Schraubensicherung
Steuerkettenführung unten	25
Ansaugstutzen	12
Prallblech	11
Sämtliche Auspuffschrauben	34

Kupplung

Deckel	10
Dämpfereinsatz im Deckel	6,9 mit Schraubensicherung
Kupplungsfederbolzen	8,8
Nabenmutter	135 Neuteil verwenden

Motorschmiersystem

Öleinfüllstutzen	1 (fingerfest)
Ölablassschraube	20
Ölfilterpatrone	27
Ölkühlerhaltebolzen	78
Ölwanne	12
Ölrohrhalterung	12 mit Schraubensicherung
Öldrucksicherheitsventil	15 mit Schraubensicherung
Öldruckschalter	15 mit Silikondichtstoff
Öldruckschalterkontakt	1,5

Motorhalterungen

Kontermuttern für Positionierung	49
Sonstige Bolzen	44
Haltewinkel	25

Kurbelwelle und Getriebe

Entlüftungsdeckel	10 mit Schraubensicherung
Dämpfungsdeckel	12
Kurbelgehäuseschrauben:	
– Ø 6	12
– Ø 7	20
– Ø 8	27
– Ø 9	39
Ölkanalverschlussbolzen	20 mit Schraubensicherung
Pleuelfussmuttern	*siehe Kapitel 14.3*
Bolzen des Impulsgebersteuerrads	39
Öldruckschalter	15
Schaltklinkenhebel	10 mit Schraubensicherung
Schaltwellenrückholfederstift	29 mit Schraubensicherung

Leerlaufschalter	15
Positionsblech der Schaltwalze, Bolzen	12 mit Schraubensicherung
Senkschraube, Kreuzschlitz	5,4 mit Schraubensicherung
Schaltwalzennockenbolzen	12 mit Schraubensicherung

Räder und Achsantrieb

Vorderachsklemmung	20
Vorderachsmutter	125
Hinterachsmutter	125
Motorritzelmutter	125
Ritzelabdeckung	10
Dämpfer der Ritzelabdeckung	6,9 mit Schraubensicherung
Kettenrad	59
Tachometersignalgeber	6,9

Bremsen

Entlüftungsventile	7,8
Hohlschrauben der Bremsleitungen	25
Bremsgriff	1
Kontermutter Bremsgriff	5,9
Vorderer Vorratsbehälter	6,9
Deckelarretierungsschraube	1,5
Bremslichtschalter vorne	1
Bremszylinder vorne	8,8
Bremsklotzfederschrauben vorne	2,9
Bremssattelbefestigung vorne	34
Bremssattelzusammenbauschrauben vorne	21
Bremsscheibe vorne	27
Bremsscheibe hinten	27
Bremssattelbefestigung hinten	25
Abdeckung des hinteren Bremszylinders	25
Kontermutter Bremszylinder hinten	18

Stossdämpfer vorne und hinten

Gabelbrückenklemmung oben	20
Gabelbrückenklemmung unten	20
Gabelverschlussstopfen	23
Regelstangenkontermutter	27
Untere Gabelverschlussschraube	39 mit Schraubensicherung
Hinterradzugstangen der Dämpfung	59
Stossdämpfermuttern, oben und unten	34
Schwingenachse	125, Kontermutter 98
Schwinghebelmutter	34
Halterung der Umlenkung	59

Steuerkopf

Abschlussschraube Gabelbrücke	49
Lenkkopflager Kontermutter	10
Einstellmutter	–
Lenkerklemmung	34
Lenkerhalterung	25
Positionsbolzen Lenker	10 mit Schraubensicherung
Lenkerschalter	3,4

Rahmen

Fussrasten	25
Fussrastenhalterung	34 mit Schraubensicherung
Seitenständer	44
Halterung für Seitenständer	49
Rahmenheck	44

Elektrik

Lichtmaschinenrotor	110
Statorspulen	12
Statorkabelhalterung	8,3
Motormassekabel	10
Lichtmaschinendeckel	10
Impulsgeberdeckel	10 mit Schraubensicherung
Impulsgeber	6,0
Anlasser	10
Anlasserfreilauf	12 mit Schraubensicherung
Leerlaufschalter	15
Anlasserlogikschalter an Kupplungshebel	1
Seitenständerschalter	8,8

Schaltplan ZX-9R (ZX 900 E)

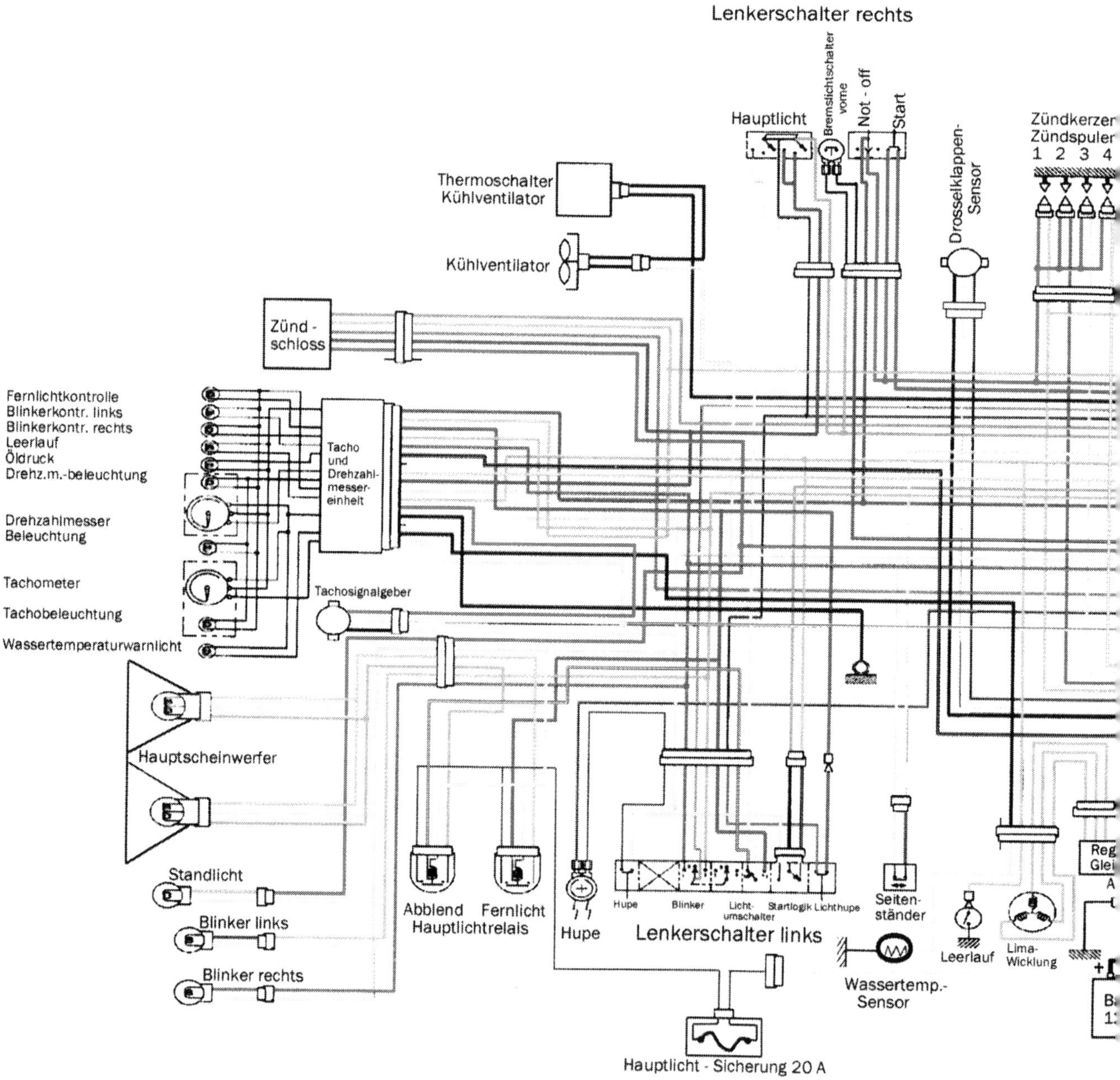

Lenkerschalter rechts
Hauptlicht
Bremslichtschalter vorne
Not - off
Start
Drosselklappen-Sensor
1 2 3 4
Thermoschalter Kühlventilator
Kühlventilator
Zünd-schloss
Fernlichtkontrolle
Blinkerkontr. links
Blinkerkontr. rechts
Leerlauf
Öldruck
Drehz.m.-beleuchtung
Tacho und Drehzahl-messer-einheit
Drehzahlmesser Beleuchtung
Tachometer
Tachobeleuchtung
Tachosignalgeber
Wassertemperaturwarnlicht
Hauptscheinwerfer
Standlicht
Blinker links
Blinker rechts
Abblend Fernlicht
Hauptlichtrelais
Hupe
Hupe
Blinker
Licht-umschalter
Startlogik
Lichthupe
Lenkerschalter links
Seiten-ständer
Wassertemp.-Sensor
Leerlauf
Lima-Wicklung
Hauptlicht - Sicherung 20 A

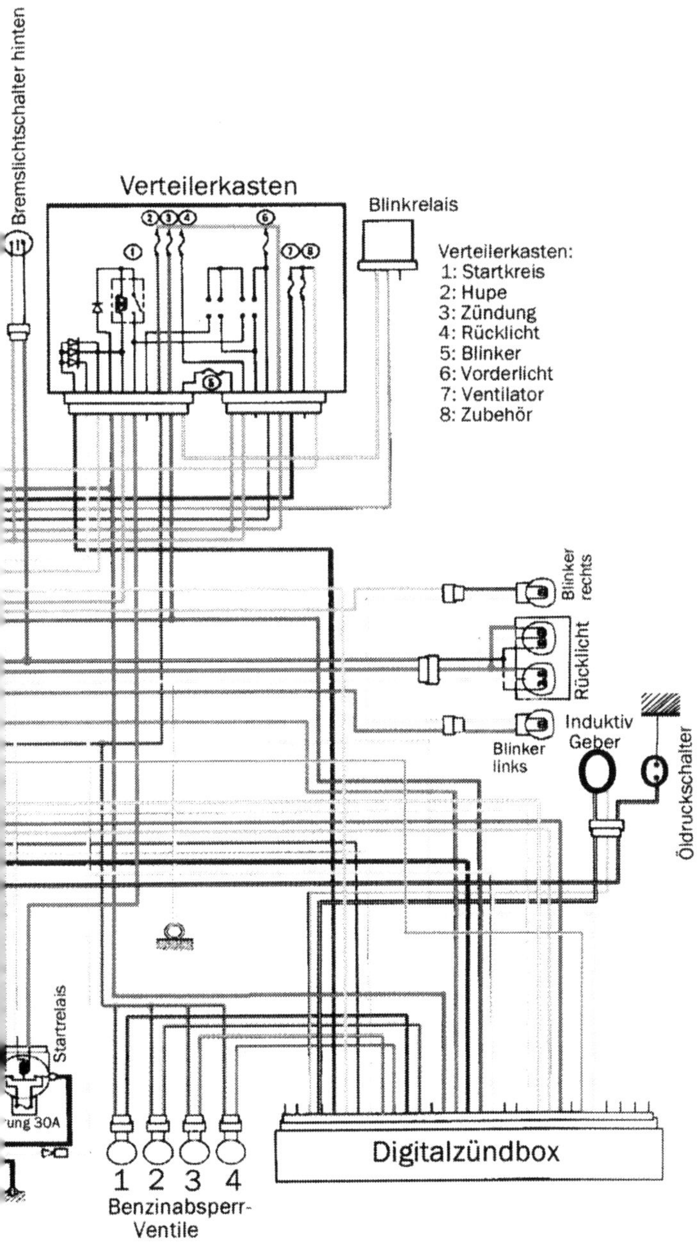

Bremslichtschalter hinten
Verteilerkasten
Blinkrelais
Verteilerkasten:
1: Startkreis
2: Hupe
3: Zündung
4: Rücklicht
5: Blinker
6: Vorderlicht
7: Ventilator
8: Zubehör
Blinker rechts
Rücklicht
Blinker links
Induktiv Geber
Öldruckschalter
Startrelais
rung 30A
1 2 3 4
Benzinabsperr-Ventile
Digitalzündbox

FSC
www.fsc.org
MIX
Papier | Fördert gute Waldnutzung
FSC® C083411

Kolibri 360 GmbH
Ferdinand-Jühlke-Straße 7
99095 Erfurt, Deutschland
produktsicherheit@kolibri360.de